為相

監修者――五味文彦／佐藤信／高埜利彦／宮地正人／吉田伸之

［カバー表写真］
草山の景観
（静岡県伊東市大室山）

［カバー裏写真］
稲を運ぶ（『絵本士農工商』）

［扉写真］
刈敷（『成形図説』）

日本史リブレット52

草山の語る近世

Mizumoto Kunihiko
水本邦彦

目次

人間と山野の関わり

　人類が直面している環境問題に関連して、里山の意義が再発見されまた「森と文明論」など、山野や森と人間との関係に着目する議論が盛んである。たとえば、縄文時代以来の森の文化のなかに共生と循環、平等主義がみられるとして、これを自然搾取型の近代文明に対置させる安田喜憲の説(安田、一九九五)、逆に「人が人として生きることは自然の一部を奪い殺すことと同義だ」と人間と自然との和解しがたい関係を重視する赤坂憲雄(赤坂、一九九七)、あるいは、そうした人間の自然破壊的性格を指摘しながらも、自然生態系に依拠したとして工業化以前の農業社会を評価する神里公(神里、一九七)など、さまざまである。

▶里山
人びとの生活と結びついた山や森。里に隣接した山や森。里に近い順に里山・奥山・岳に分類する。里山には狐や狢、山姥・鬼が棲み、奥山には天狗・猿・猪などが棲み、岳には仙人や山父・山女・白鳥が棲むとしている(宮家、一九八六)。

▶民俗学者の宮家準は里山の背後の宗教を山岳信仰や猿猴・兎・猪など岳や山に棲む精霊信仰として

こうした文明論を通覧したとき、しばしば感じる点は、現代の環境問題をもたらした犯人の断罪という枠組みの類似性である。近代工業社会が有罪であることはおおむね共通の前提である。そのうえで、それを単独犯とみるのか、それ以前をも共犯とするのかに違いがあらわれる。江戸時代を循環型の「環境先進国」と評する鬼頭宏などは、近世無罪論であろう(鬼頭、二〇〇二)。他方、弥生《やよい》時代以降を有罪とする説、そもそも、人類の出現自体が悪の始まりだとするものなど。なかには情状酌量《しゃくりょう》段階を認めるものもある。裁判官の思案のしどころ、腕のみせどころというわけである。

しかし、ほかならぬわれわれ自身が近年まで近代工業社会の発展を肯定的にとらえ、またその恩恵に浴した人間たちであることを考えると、われわれがはたして裁判官たりうるのかという疑問をいだかざるをえない。また、今必要なのは裁判なのだろうか、とも思う。むしろほしいのは、有罪であるとしても、これまでの人類の歩みによりそいながら、彼らがかかえた困難を共有する弁護人ではないだろうか。

裁判官のよって立つ現代の環境論それ自体が、人類によるあらたな自然改造のイデオロギーであることに思いをいたすならば、なおさらのこと、人類史の軌跡に通暁《つうぎょう》した弁護人の登用が期待されるのである。

本書は、このような問題を念頭におきながら、近世の人間と山野の関わりを探ろうとした小論である。自然に対してどのような働きかけを行ったのか、それはなにゆえであったか、その結果どのような問題に逢着《ほうちゃく》したのか、それはいかに解決され、またされなかったか。

ささやかながら、彼らの営みをひとまず積極的に受けとめ、課題を共有する弁護人の立場を意識しながら述べてみたい。

①—野火と草山

野火の季節

　近世の春は山火事の季節だった。「野火《のび》」「野火付け」「野焼《のや》き」「山焼《やまや》き」などと呼ばれる現象が全国いたるところで生じ、しばしばこの火が林地へ燃え移って被害が生じていた。各藩では盛んに法令を発して注意をうながし、また延焼防止策を命じたが、山林火災はいっこうに止む気配はなかった。各地のようすをいくつか拾ってみよう。

　浜名湖《はまなこ》の北、遠江国《とおとうみのくに》引佐《いなさ》郡の井伊谷《いいのや》▲に本拠をおいた近藤氏は、同国を中心に五〇〇〇石余の領地をもつ旗本《はたもと》▲である。氏が領有した林野に関する記録「林方《はやしかた》覚書《おぼえがき》」が同郡細江《ほそえ》町に伝えられているが、これによれば、一七九一〜九二（寛《かん》政《せい》三〜四）年のわずか二年間に、郡内の領地村々で七回もの山火事が起きていた。

○寛政三年二月二十三日　狩宿村《かりしゅく》▲の御林《おはやし》（領主林）が焼け、所々の人足を集め防ぎ止める。後日、この火災は隣接する三河国《みかわのくに》側からの「越し火」による

▼井伊谷　静岡県浜松市浜名区引佐町。

▼旗本　将軍の直属家臣団《かしんだん》の中核部隊。近世中期の調査では総数五二〇〇人にのぼった。

▼狩宿村　引佐町狩宿。

ことが判明し、お咎《とが》めなしとなる。

○同年二月二十八日　過日の野火で御林を焼いた黒田《くろだ》村▲に対して銭三貫文の罰金刑が命じられる。

○同日　渋川《しぶかわ》村▲で野焼きをし、人足が帰村したあとに残り火が御林を一反程焼いた。不調法《ぶちょうほう》の段お叱りを受ける。

○同年三月二十五日　渋川村で山焼きを行ったところ、風強く御林へ燃え移り、一山を類焼した。過料三貫文。

○寛政四年正月十日　昼より三嶽《みたけ》村▲の細ヶ谷道より出火、夜にはいって止まる。過料三貫文。

○月日未記載　黒田村北通より出火、御林を焼く。過料三貫文。

○二月九日　狩宿山かや野より出火、過料三貫文。（『静岡県史』資料編一一）

野火や山焼きが原因で御林がしばしば類焼し、その都度、罰金刑が科せられている。「御林」とは領主の御用材を育成する林地のことで、また罰金の銭三貫文はこの時期の相場で米に換算すると、およそ八斗ほど（一二〇キロ）の量に相当する。定額過料という点で火災の日常化がうかがわれ、また、いずれも一〜

▼黒田村　引佐町東黒田・西黒田。

▼渋川村　引佐町渋川。

▼三嶽村　引佐町三岳《みたけ》。

三月という時期に火災が集中していることも注目される。ちなみに、最初の寛政三年二月二十三日は、今の暦になおすと一七九一年の三月二十七日、また同年三月二十五日は四月二十七日にあたる。

秋田藩、人吉藩など

こうした野火・山焼きは全国的にみられ、それにともなう山林火災も各地で頻発していた。東北秋田藩では一七一三(正徳《しょうとく》三)年に村々を管理する代官《だいかん》▲に対して、つぎのような指示をあたえている。

野火停止については以前から堅《かた》く仰せ付けているところである。春の間村々は野火守《のびもり》▲を立ててきっと注意するように。もし野火を出した場合は過料を仰せ付けると申し渡してあるが、近年あちこちで大きな野火が見えるにもかかわらず、村々からの申し出がない。代官が調査することもあるという。今後は場合によっては、先年より重い過料を仰せ付けるからきっと守るようにせよ。自焼《じやき》も以後は禁止する。野火付けの者を発見した場合は搦《から》め捕《と》り申し出ること。(『日本林制史資料』秋田藩)

▼代官　幕府や諸藩の直轄地《ちょっかつち》を管理する地方官で、年貢徴収や司法検察業務にあたった。

▼野火守　山野の火災発生を防ぐための監視役。

●―日本のおもな草地植生型の優占種

気候帯	人為要因	
	採草や火入れ	放牧下
亜寒帯または亜高山帯	イワノガリヤス，ヒゲノガリヤス，ススキ，ササ類	ウシノケグサ，ナガハグサ
冷温帯または山地帯	ススキ，ササ類	シバ
暖温帯	ススキ，チガヤ，ネザサ	ネザサ，シバ
亜熱帯	ススキ(トキワススキ，オガサワラススキを含む)，チガヤ，リュウキュウチク	ギョウギシバ，コウライシバ，シマスズメノヒエ

ササ類はクマイザサ，ミヤコザサ，チシマザサなど。沼田眞・岩瀬徹 2002による。

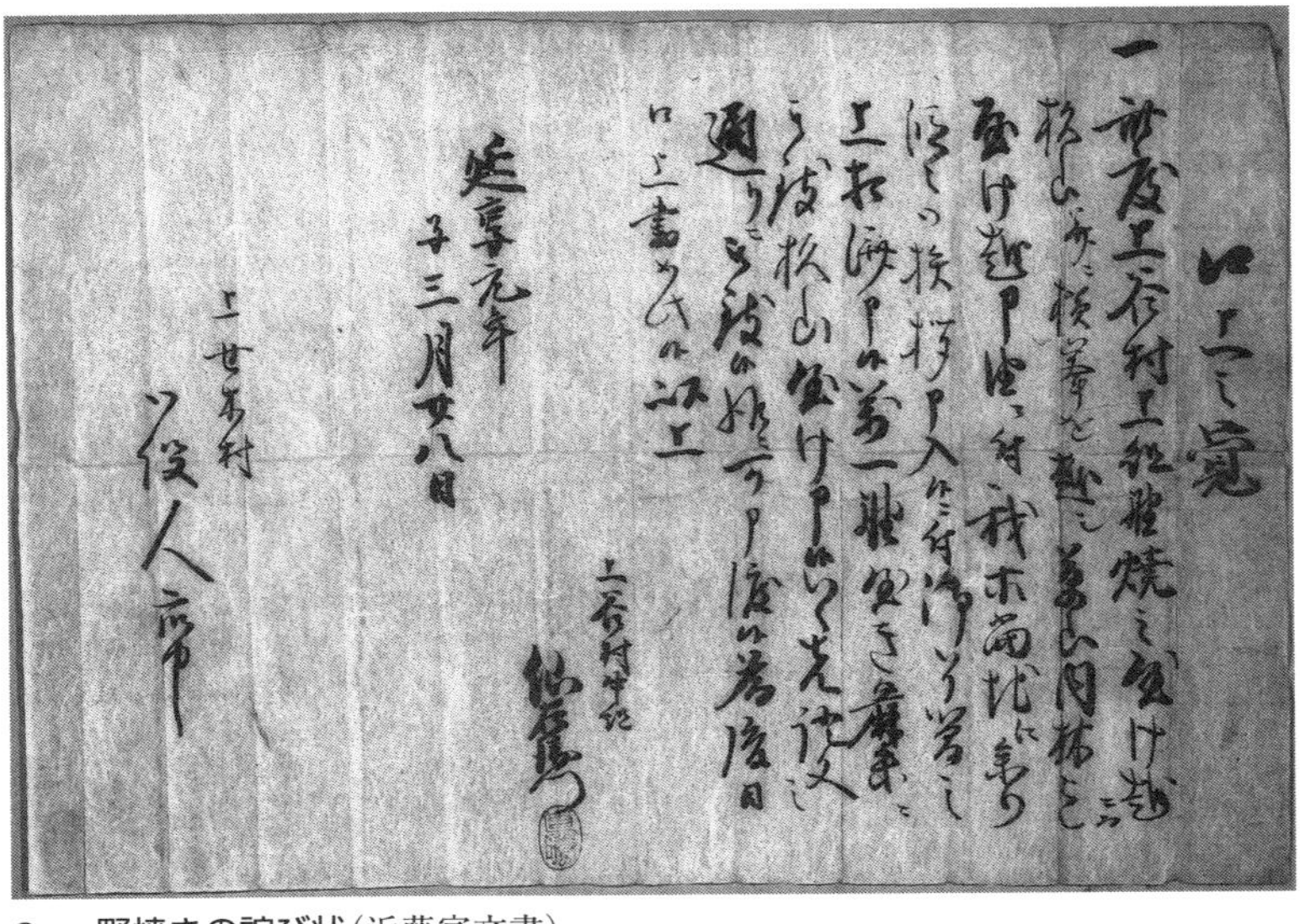
口上之覚
延享元年
子三月廿八日
上世谷村
御役人衆中

●―野焼きの詫び状(近藤家文書)

春先はとくに「野火守」まで決めて用心を申しつけているにもかかわらず、大きな野火があちこちで生じるという。

九州人吉《ひとよし》藩では、一七七八(安永《あんえい》七)年御林の杉植林に関する法令のなかで、野火取締りについて通達を発した。

近年みだりに野火を付け、山を焼き、なかには御用木も焼き枯らす事があり不届きの至りである。野火を付けなくてはならない場所は、火立《ひた》て▲をしてから火を付けるようにせよ。これ以後みだりに野火を付け、あるいはたばこの火を粗末に扱い、火を起こし、山を焼き、御用木を焼いた者は、これまでのようなゆるがせにては済ませない。その旨をきっと申し付けるように。(『日本林制史資料』人吉藩)

ここでも野火による御用木焼失に悩まされていた。どうしても野火付けが必要な場合は「火立て」をしてから焼けという。

領主所有の林ばかりではなく、野火が隣村の林などに燃え移り被害が生じることも少なくなかった。一七四四(延享《えんきょう》元)年三月、丹波《たんば》国船井《ふない》郡上谷《かみたに》村▲の火は、峰を越えて山向こうの上世木《かみせき》村▲まで広がり、同村の杉林や草山内林を焼いてし

▼火立て　延焼防止用の溝。

▼上谷村　京都府南丹市日吉《ひよし》町中世木。

▼上世木村　京都府南丹市日吉町天若《あまわか》。

まった。上谷村はすぐに代表を派遣して上世木村に詫びをいれる(近藤家文書、七ページ写真参照)。

また、豊後《ぶんご》国と肥《ひ》後《ご》国にまたがって広がる九州久住《くじゅう》高原でも、一八二三(文《ぶん》政《せい》六)年正月に同様の事件が発生した。西側に位置する肥後国阿蘇《あそ》郡小国西里《おぐににしざと》村▲の野焼きの火が、東側の豊後国玖《く》珠《す》郡菅原《すがわら》村▲まで広がり、牛馬飼料や干し草を大分焼いたのであった。事件を契機に両村は野焼きの日時をあらかじめ報《しら》せあうなど、国境を越えての取決めを結んでいる(『日本林制史資料』熊本藩)。

▼西里村　熊本県阿蘇郡小国町西里。

▼菅原村　大分県玖珠郡九重《ここのえ》町菅原。

弘前藩の対応

各地でみられた野火・山焼きとはいったいなんだろうか。人吉藩の通達にもあったように煙草《たばこ》の火の不始末などによる失火も少なくはなかったであろう。しかし、「近年みだりに野火を付ける」「野焼きの日時を報せあう」「自焼」などとあるように、農民が進んで火付けをしているようすも見受けられる。

積極的な火付け・火入れということになると、思いあたるのが焼畑《やきはた》である。山地の樹木を伐採して燃やし、そこにつくった畑地に蕎麦《そば》・稗《ひえ》・大豆などを蒔《ま》きつける焼畑農業は、近世にはいっても各地にその痕跡を残している。そして、その火を原因とした火災も実際に生じていた。たとえば一七七七（安永六）年三月、肥後国球磨《くま》郡西野《にしの》村▲では焼畑火入れが原因で、杉植林場の権現社《ごんげんしゃ》と御用木が焼亡し（『日本林制史資料』人吉藩）、また高知藩では領主山での切畑《きりはた》（焼畑）造成に際して火災に注意するよう通達をだしている（『日本林制史資料』高知藩）。ただ、春先の野焼き・山焼き▲の全国的な広がりからして、焼畑農業が野火の主要因とは考えにくい。そのことは、焼畑とは矛盾した草の生育に野火の目的をみる、人吉藩の法令からもうかがわれる。

山火事などの儀は前々から油断のないように仰せ付けているところであるが、（中略）近年も野火が洩れ山林が焼けたとのことである。野火の儀は草《くさ》生《ば》えのために行うものであるから、（山火事の）心配のないところは別として（中略）風の烈しい時などは油断なく気をつけるようにせよ。（『日本林制史資料』人吉藩）

では、「野火」と「草生え」とはどのように関係するのか、またなぜ草生えが必要だったのだろうか。こうした疑問を解く鍵が、東北弘前《ひろさき》藩の農政担当奉行の

▼**西野村**　熊本県球磨郡錦町《にしきまち》西《にし》。

▼**野焼き・山焼き**　野焼き・山焼きの光景は春の風物詩の題材ともなった。俳諧《はいかい》では「野火」「野焼き」「山焼き」「焼け野」などが春の季語《きご》として盛んによまれた。たとえば、蕪村《ぶそん》「しののめに小雨降り出す焼け野かな」、一茶「野火付けて腹ばふて見る男かな」、同「豊年のほの字に焼けよ信濃山」。また野焼きの火に追われる雉子《きじ》をうたった里謡《さとうた》もある。「山が焼けるぞ立たぬか雉子よ　これが立たりょか子を置いて」（「山家鳥虫歌」）。

報告書のなかにある。

　津軽《つがる》氏四万六〇〇〇石の弘前藩でも、一六六六(寛文《かんぶん》六)年制定の「御家旧典」以来、野火は重罪とされてきたが、いっこうになくならなかった。繰り返しての注意喚起にもかかわらず、なぜなくならないのか。その理由が、一七〇一(元禄《げんろく》十四)年に藩庁《はんちょう》に提出された農政担当の郡《こおり》奉行▲からの具申書《ぐしんしょ》に明瞭に記されている。田畑の肥やしや馬の飼料を育てるために、毎春行われる野焼き・山焼きが原因だというのである。郡奉行の説明を要約して示してみよう。

①野火の儀は近年堅くご法度《はっと》なので、無高百姓▲・子供に至るまで申し聞かせ、火打ち道具を取り上げてきたが、国中には大分の野山があり、また諸方からの入り込みもあって野火が生じている。

②そこで昨年より村々領内山々の入り口に番所《ばんしょ》を置いて番人を置き、山人の火打ち道具改めを行い、また野山内にも何ヵ所か番所を設置、三〜五人ずつ番人を配置させた。

③三月の雪が消えてから五月末青草が生え出すまで右の番に出るのだが、ちょうど田畑耕作の最中に当たるため、百姓たちは銘々の耕作に仕遅れるこ

▼**郡奉行**　各藩で農政を担当する役人。配下の代官を指揮して民政にあたった。

▼**無高百姓**　自分の所有地をもたない貧農のこと。小作や日雇により生計をたてた。

とになる。

④その上、年々枯草が重なっては青草の生育が悪くなり、田畑の肥やし・馬《ま》草《ぐさ》を刈り取るのに不都合なので、野火付けはいずれの国々でも行っていることである。とくに当地は草・小柴《こしば》よりほかには田畑の肥やしをしないので、だんだん草の生育が悪くなっては百姓どもの肥草刈《こえぐさが》りが不都合となり、肥やしが不足すると、田畑の地味が低下し作毛の障《さわ》りになると考えられる。

⑤そこで、御立山《おたてやま》・御立林《おたてばやし》▲などの近所を、天気良き時分に、庄屋《しょうや》▲どもに申しつけて、あらかじめ細《ほそ》毛《げ》焼《や》き▲と申すことを行い、野火になっても御立山・御立林へ類焼しないようにしておき、もし野火が付いたならば近所の村々が早速駆け付け消火するように申し付けてはいかがかと存ずる。(『日本林制史資料』弘前藩)

郡奉行はこのようにいっている。防火対策について述べる①〜③と、野火付けの効用についてふれる④⑤のあいだで論点にズレがあるが、重点は④⑤にある。要するに、郡奉行たちは、枯草の焼き払いのため野火付けは必要と判断したうえで、領主用山林への類焼を防ぐ手立てを講じながら、それを実施させよ

▼**御立山・御立林**　領主所有の山や林。御留《とめ》山、御林などとも呼ばれ、農民の利用が、禁止もしくは制限された。

▼**庄屋**　村の長。任命権は領主《りょうしゅ》が掌握したが、実際には世襲、年番、入札《いれふだ》など各種の方法で選ばれた。貢納や治安維持など領主の農民統治のための諸業務を担当した。村の権益を守る代表者でもあった。

▼**細毛焼き**　防火のために迎え火を焚くこと。逆焼きともいう。

●──**大室山の山焼き**　毎年二月の第二日曜日に実施される。その後カバー表写真のような見事な草山となる。伊東《いとう》市池《いけ》の共有地であるこの山も、古くから草肥確保のために山焼きを行ってきた。草

うと提案しているのである。

この具申書によって、農民たちが野火・山焼きを行う理由がはっきりした。肥やし草や馬草の生育を促進するために、進んで火をつけて古い枯草を焼いていたのである。

郡奉行からの提案を受けた弘前藩首脳は、その際には「野火付け候儀、堅く無用」と却下したが、五年後の一七〇六(宝永《ほうえい》三)年にいたり、藩内あわせて三〇一カ所での野火焼きを許可した。農民たちからは郡奉行に対してつぎのようなお礼が申し述べられている。

前より草生《くさお》い良く、田畑肥やし、馬草・家萱《いえかや》などまで、殊《こと》の外《ほか》よく生い立ち、馬も肥え立ち、耕作仕込みも思うようになり、ありがたいことでございます。

野火・山焼きは、農民たちにとって、田畑の肥やしや秣《まぐさ》・屋根葺き用の萱取得のために不可欠の作業であった。しかし、そのことが大きな原因となって、しばしば山林火災が発生していたのであった。

を刈らなくなった今でも、山がきれいに焼けるとその年は豊作といい伝えられている(松田、一九九六)。

草山の創出・維持

山火事のおもな原因は、青草の生育を目的とした野火・山焼きにあったが、そのことに留意して史料をみてみると、ほかにも、草山の造成や草野維持のために、いろいろな試みがなされていることに気づく。これもいくつかの事例をあげてみよう。

美作《みまさか》国の津山《つやま》藩では、一六七四～七五（延宝《えんぽう》二～三）年に領内村々の入会山《いりあいやま》▲に関する再配分の施策を行った。津山藩森家の歴史を記した『美作一国鏡《いっこくかがみ》』は、この入会山についてつぎのような事態が生じたとしている。

入会場に立木があっては、芝草が生い立たないために肥やしに差し支えがあると申して、百姓たちは諸山森々蒼々《そうそう》と生い茂っていた立ち木を一時に伐り取り、（中略）一朝にして数百年来の大木・小木伐り払い、禿山《はげやま》・木樹《もくじゅ》皆無山《かいむやま》にしてしまった。（『岡山県史』二七）

一六八九～九〇（元禄二～三）年、常陸《ひたち》国筑波《つくば》郡小田《おだ》村▲と太田《おおた》村▲のあいだで入会山である宝篋山《ほうきょうさん》の利用をめぐって山論が生じた。そのおり、小田村は以下のように主張した。

▼入会山　住民が薪《たきぎ》や秣・草肥《くさごえ》などを採取するために共同利用する山。立会山《たちあいやま》ともいう。

▼小田村　茨城県つくば市小田。

▼太田村　茨城県つくば市北太田。

小田の山野草刈り場にとび松がしげり、刈り草の障害になる時は、御地頭役人に申し断り、小田村の者が伐り取ってきました。(白川部、一九九〇)

ここでは、紛争地が自村領であることの証拠として松樹伐採の事実をあげるのだが、草山維持という観点からみても注目される。つまり、草刈り場にあってははえだした松樹などの立ち木は除去すべき障害物なのである。

陸奥《むつ》国上閉伊《かみへい》郡下宮守塚沢《しもみやもりつかざわ》村▲では、村内の草山が不足するために、一八〇五(文化《ぶんか》二)年、隣村の上宮守《かみみやもり》村▲の山を借用することにした。その際の取決めのなかに、このような一項がある。

入会として借用する四ヵ山については、今後何年経過しても、諸木生い茂るような場合には、伐り払いについて熟談のうえ、(中略)双方より人足を出して伐り払う積もりです。(『日本林制史資料』盛岡藩)

ここでも、草山としての維持のために、諸木が伐採されている。

循環の強制

ところで、日本の気候では、草山・草野をそのままの状態に保つためには、

▼下宮守塚沢村　岩手県遠野市宮守町下宮守。

▼上宮守村　岩手県遠野市宮守町上宮守。

火入れや樹木刈取りなど、人間の働きかけが必須であるとされる。草原の生態を説いた岩城英夫の説明を聞いてみよう。

○北は東北地方から南は九州まで、日本各地の山地や山の裾野《すその》には、山地草原とか裾野草原とか呼ばれるススキやシバの草原があり、草刈り場や家畜の放牧地として昔から利用されてきた。日本には放牧や草刈りに利用される野草地が、およそ一四〇万ヘクタールある。その大部分は、こういう山地草原、または裾野草原である。

○わが国の山地草原や裾野草原は、もとは森林であった。それが伐採や火入れによって草原に変えられ、その後、草刈り・火入れ・放牧など、人間の直接、間接の働きによって、草原として維持されてきたものである。

○その証拠に、ススキ草原で一年または数年おきに行われている草刈りや火入れを、いっさい停止すれば、数年たらずで低木やアカマツなどの陽樹が侵入し、森林への移行がはじまる。

○山地草原が分布している本州・四国・九州の大部分は、気候的には冷温帯・暖温帯に属し、モンスーンの影響をうけて、年間降雨量も一〇〇〇〜

●――兵庫県砥峰《とのみね》高原のススキ原（神崎《かんざき》郡神河《かみかわ》町）

三五〇〇ミリと多い。本来、気候的には、森林が成立する地域である。自然のまま放置すれば、当然、森林ができる。
○それができないのは、草刈り・火入れなど、外からの力が絶えず加わって、低木や高木の幼樹の成長が妨げられるからだ。つまり、山地草原は森林への遷移の進行が人為的におさえられ、足踏みをしている状態なのである。その意味で、日本の草原の大部分は半人工的な草原だということができよう。（岩城、一九七一）

すなわち、山野が草山・草野状態にあるということは、草地から森林への自然の遷移を人間が押し止め、自然を人間用に改造していることの現れだというのである。

たしかにこうした状況は、近世の盛岡藩法令（一八〇六〈文化三〉年）からも裏づけられる。

松や雑木は、とくに植え立ての手当てをしなくても、心がけ次第で林になるものだが、年々野火が入るので生育しかねている。五年・七年も野火が入らない野山は自然と小松や小柴が生え、その後数年足らずで成木に至る。

(『日本林制史資料』盛岡藩)

春先に全国各地でみられた野火や山焼きは、肥草や馬草の生育を目的として、山野に草山循環を強制する自然改造の営みであった。

②―草山の景観

信濃国伊那谷の山々

前章でみたように、近世社会においては、山焼きなどによる山野の草山化の動きがうかがわれた。本章では、そうした動向がどの程度の広がりで展開していたのか、全国各地を対象に概観してみたい。

まず、筆者が子ども時代をすごした信濃《しなの》国伊那谷《いなだに》の十七世紀をながめる。この地の里山《さとやま》を研究した中堀謙二などの仕事を踏まえながらかいまみてみよう(中堀、一九九六)。

近世初めの信濃国伊那郡の山々のようすを知るに格好の史料が『近世伊那資料』に収録されている。一六四五(正保《しょうほう》二)年に作成された「信州伊奈郡青表紙《あおびょうし》高《だか》、御料私領支配知行附《つき》」と題する帳面である。

脇坂淡路守《あわじのかみ》知行所《ちぎょうしょ》

赤津《あかつ》村

一、高　千五百五拾九石二升一合二勺

此村ニ草山《くさやま》有

出原《いずはら》村

一、高　百五拾七石七升

此村ニ檜木山少有、雑木・草山も有

という具合に、領主別に伊那郡村々の村高と山のようすなどを書き上げている。

この時期、江戸幕府は全国に命じて国絵図《くにえず》と郷帳《ごうちょう》を提出させており、本帳もその過程で作成された帳面と考えられるが、ここで注目したいのは村ごとに記載された山関係記事である。赤津村には草山があり、また出原村には檜木山、雑木山、草山があるという。

次ページ表は、同帳のなかから、一例として飯田藩脇坂氏(五万石)の村々九七カ村を取りだし、草、芝、柴、雑木、檜《ひのき》・栂《つが》といった植生別に村数とその割合を示したものである。これによれば、領内の山々でもっとも多いのは芝山《しばやま》で、村数全体の二七%弱を占め、ついで柴山が二三・七%。そして、これらに草山や草・柴混在山を加えると、じつに全体の約六四%の村々におよぶ。他方、高木類についてみると、雑木山が一〇%余、檜や栂・椹《さわら》・樅《もみ》など雑木との混合林が一一%余を占めるにとどまっている。十七世紀の伊那谷では、全村の過半が芝や柴に覆われる植生分布であった。

▼**国絵図**　徳川《とくがわ》幕府が担当大名に命じて、信濃国・伊豆《いず》国など一国単位で描かせた手書き大絵図。郷帳とセットにして、慶長・正保・元禄・天保と数時にわたって作成された。これに先立ち、豊臣《とよとみ》秀吉《ひでよし》も検地帳と絵図を国単位でまとめて天皇に提出したとされる。

▼**郷帳**　徳川幕府が国絵図とともに全国に命じて作成させた、一国ごとの村高書上帳。幕府による公役賦課や動員の際の基本台帳となった。

▼**芝山**　芝山・柴山・草山などの内容については二六ページを参照のこと。

●—草山での遊興(『善光寺道名所図会』)

●—飯田藩領の山の植生

植　　生	村数	割	合
草	4	% 4.1	% 63.9
芝	26	26.8	
柴	23	23.7	
草・柴	9	9.3	
草・松・雑木	1	1.0	8.2
柴・雑木	7	7.2	
雑木	10	10.3	21.7
雑木・檜・栂など	11	11.4	
なし	6	6.2	6.2
計	97	100.0	100.0

近世伊那資料刊行会編『近世伊那資料』6による。

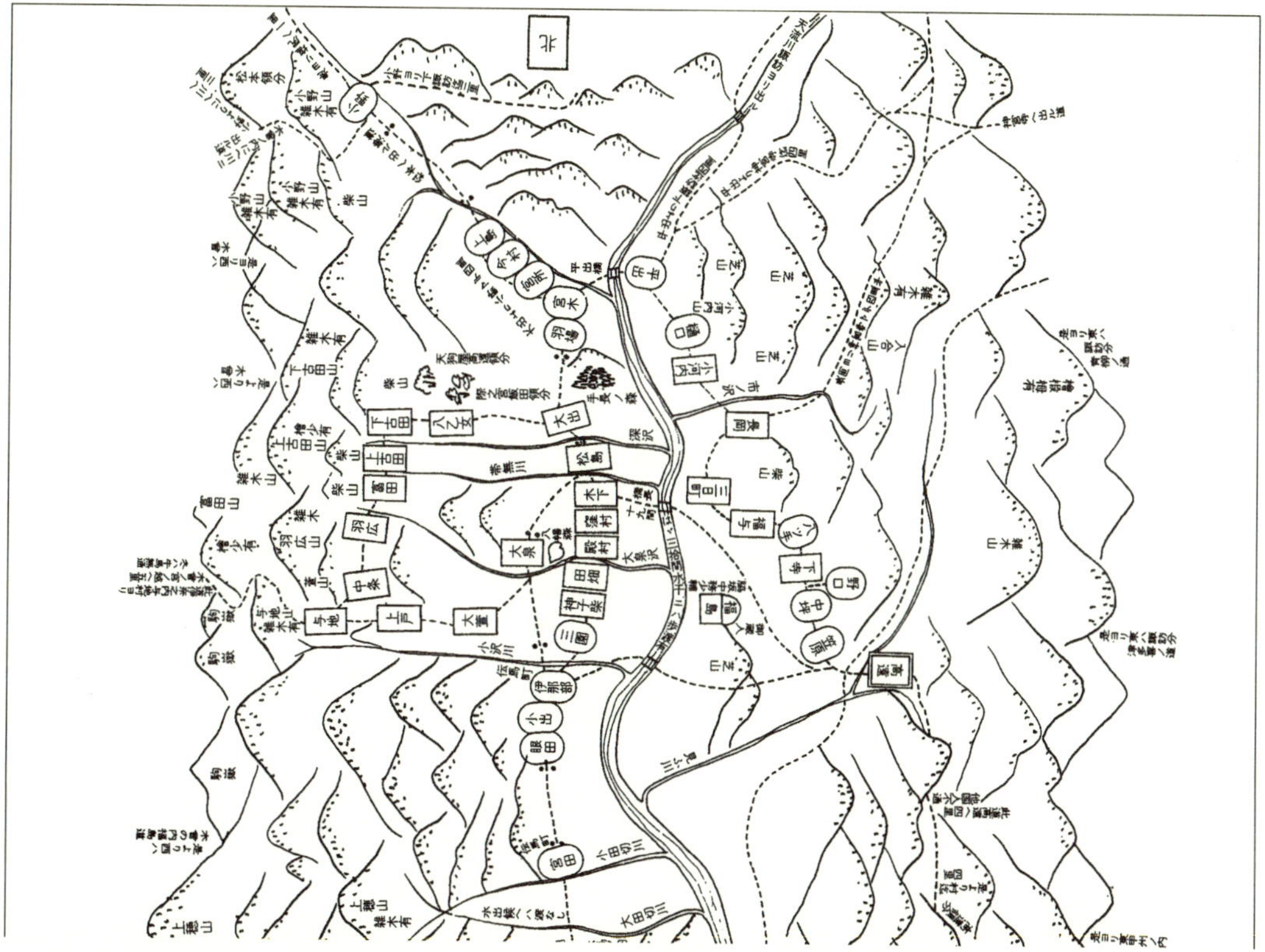
北
大泉
羽広
中条
上戸
与地
富田
上吉田
下吉田
大出
松島
木下
窪村
田畑
小出
伊那部
宮田
小沢川
大泉沢
深沢

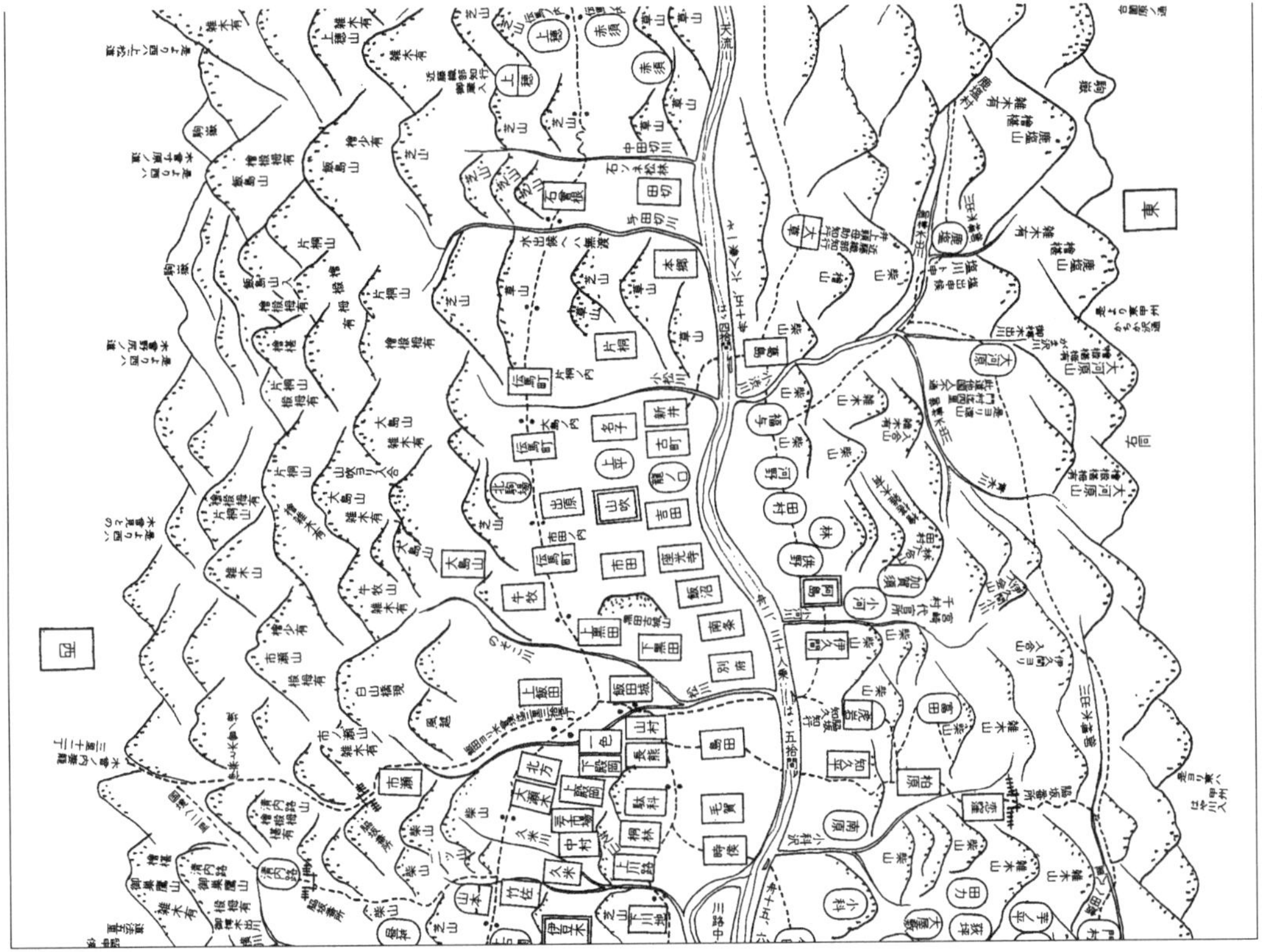

●—信濃国伊那郡の山々(「信州伊那郡之絵図」部分,『上伊那郡誌』歴史編による)

この「御料私領支配知行附」帳に対応して、当該地域の景観を描いた絵図が残存する。『上伊那郡誌』歴史編に添付された「信州伊奈郡之絵図」である(正保年間〈一六四四～四八〉に作成。二二一～二二三ページ図参照)。解説によれば、この図は飯《いい》田《だ》藩脇坂氏旧蔵史料の一点で、原本は飯田市美術博物館の所蔵にかかるという。飯田藩領以外の村々に省略があるが、さきの帳面とともにこの地域の景観を活写するものとなっている。

今、北を右に、中央部を右から左に天龍《てんりゅう》川が流れる形で絵図をおいてみた。図の上方の山々が中央アルプスで、山の向こう側は木曽谷《きそだに》となる。手前に連なるのは南アルプスの山々である。街道や集落が天龍川の河岸段丘上に展開したようすがよくわかるが、なによりも、各山々に書き込まれた植生の注記が興味深い。無記載の他領主山も多いが、植生には明確な特徴がみられる。すなわち、集落近辺の里山は草山・芝山ないしは柴山で占められ、他方、奥山部分に雑木をはじめ、檜・椹・椴《とどまつ》・栂などの高木類がみられる。

十七世紀半ばの時期、伊那谷の村に立って四方を見渡すと、里近くは草・芝もしくは低木柴類のはえる人為的な丸坊主山で埋めつくされ、その向こうに落葉の雑木林や常緑の檜・栂などが生育する奥山が遠望されるという山地景観であった。子どものころにながめた山々も十七世紀と二十世紀とではかなり趣きを異にしていたことになる。ちなみに、筆者が暮らした開拓地に隣接する集落は伊那市大字西箕輪《にしみのわ》大萱《おおがや》(近世には伊那郡大萱村)といい、その地先には大芝原《おおしばはら》という地名もあった。

正保郷帳

草山・柴山が優占するという山地景観は、この時期おおむね全国に共通する傾向であった。それは、右にもふれた正保年間(一六四四〜四八)三代将軍家光《いえみつ》の時代に、幕府が作成を命じた各国の郷帳の記事から判明する。江戸幕府は開幕以来、幕領・私領を問わず一国単位での国絵図と郷帳の作成を命じ、おもなものだけでも慶長《けいちょう》・正保・元禄《げんろく》・天保《てんぽう》の四度を数えた(川村、一九八四)。このうち一六四四(正保元)年十二月に指示した正保度の国絵図・郷帳の作成に際しては、「絵図・帳共に、村に付き候は(生)へ山、並びに芝山これある所は書き付け候事」と、村に所属・接続する山についての書上げも命じており、その結果、各地の山のようすがリストアップされることになった。さきにみた伊那郡の帳面や絵図も、この事業関連の史料であったと推測される。本書では、分析の方法が未確立の国絵図についてはひとまず横におき、残存する二〇カ国ほどの郷帳のなかから数冊を取り上げて、各地の山のようすを鳥瞰《ちょうかん》することにしたい。

さて、郷帳の書式は、さきに示した信州伊那郡の帳面と同様に、一村ごとに村高と山関係記事を列挙する形をとる。管見の郷帳に記された山々のおもな植生分類を示すと、つぎのような種類が単独ないしは組み合わされて書き上げられている。

草山、芝山、柴山、茅山《かややま》、松山、小松山、杉山、はへ山、雑木山、木山、竹

このような分類レベルからみて、草・芝・柴山関係では、草はススキ・チガヤ・ササなど、芝はシバ、柴はハギ・馬酔木《あせび》・山ツツジ・捩木《ねじき》・黒文字《くろもじ》・小松などの低木類をさすとみることができる。ただし、草山とは別に茅山をあげるもの(「遠江国高郷帳《とおとうみのくにたかごうちょう》」)や、芝山分類のない郷帳(「河内《かわち》国一国村高控帳」)、逆に芝山分類のみのもの(「阿波《あわ》国十三郡郷村田畠高辻帳《ごうそんでんぱたたかつじちょう》▲」)など、基準にバラツキがある。

▼「阿波国十三郡郷村田畠高辻帳」
本帳面は一六六四(寛文四)年、幕府の朱印《しゅいん》改めに際して阿波藩から提出されたものだが、記載内容は「正保郷帳」の転写と考えられる。

●──「河内国一国村高控帳」の山記載(1645〈正保２〉年)

郡名／植生	錦部	石川	八上	丹南	丹北	古市	安福	大県	志紀	渋川	高安	河内	若江	茨田	讃良	交野	全村に対する割合		山付き村内の割合
	46	48	12	44	40	14	4	11	17	23	10	21	44	71	20	37	村 462	% 100	% 100
草柴系	23	1		2		1		1			2	9		1	10	7	57	12.3	31.0
草木混在系	10	19		8		7	2	7			6	2			1	14	76	16.5	41.3
木山系	1	18		7	1	2	2	3	2		1	1		5	1	7	51	11.0	27.7
山なし	12	10	12	27	39	4			15	23	1	9	44	65	8	9	278	60.2	—

郡名の「安福」は「安宿部」の誤記か。『枚方市史資料』第８集による。

●──「阿波国十三郡郷村田畠高辻帳」の山記載(1664〈寛文４〉年)

郡名／植生	板東	板西	名西	麻植	阿波	美馬	三好	名東	以西	勝浦	那西	那東	海部	全村に対する割合		山付き村内の割合
	60	20	39	32	29	20	28	27	21	32	40	45	24	村 417	% 100	% 100
草柴系	11	6	9	9	7	9	8	3	4	13	12	6	10	107	25.7	49.3
草木混在系	5	1	5	10	4	9	20	3	3	11	16	4	9	100	24.0	46.1
木山系		2		1		1				1		1	4	10	2.4	4.6
山なし	44	11	25	12	18	1		21	14	7	12	34	1	200	47.9	—

国立国文学研究資料館史料館架蔵による。

●──「越中国四郡高付帳」の山記載(1646〈正保３〉年)

郡名／植生	新川	婦負	中	利波	全村に対する割合		山付き村内の割合
	487	184	229	484	村 1,384	% 100	% 100
草柴系	92	71	79	138	380	27.5	75.2
草木混在系							
木山系	33	27	12	53	125	9.0	24.8
山なし	362	86	138	293	879	63.5	—

『富山県史』史料編Ⅲによる。

●──「陸奥国棚倉・岩城・中村郷村高辻帳」の山記載(1647〈正保４〉年)

郡名／植生	菊田	高野	石川	岩ヶ崎	岩城	楢葉	標葉	行方	宇多	全村に対する割合		山付き村内の割合
	62	79	10	86	39	24	45	71	36	村 452	% 100	% 100
草柴系	42	42	6	64	28	6	24	36	13	261	57.8	69.8
草木混在系	2			2	2	13	4	3	3	29	6.3	7.7
木山系	9	25	4	6	5	2	6	20	7	84	18.6	22.5
山なし	9	12		14	4	3	11	12	13	78	17.3	—

『明治大学刑事博物館資料』第６集による。

また木山関係では、幕府の指示が不得要領であったためか、「はへ山」の内容に、①木山全般、②松・杉以外の高木、③自然林、などの不統一もあり、さらに「信濃国郷帳」のように山記事のかなりの部分を省略するものさえある。しかし、史料の少ない近世初期にあって、この郷帳は全国的な広がりで山の概要を知らせてくれる超一級史料であることにまちがいはない。

前ページ表は残存する正保郷帳のなかから四カ国を選び、山関係記事を整理したものである。上表の河内国からみてみよう。同国は現在の大阪府東部地域を占める旧国で南北に細長い形をとっている。東部は北から南に連なる生駒《いこま》・金剛《こんごう》山地を境に山城《やましろ》国南部や大和《やまと》国と接し、国域の中部・西部は大阪平野に含まれる東高西低の立地である。上表にあるように、正保時点で村数は四六二カ村を数えるが、六〇%が山をもたない平野部の村落で、山持ち村四〇%は東部・南部に偏在する。山の植生については、郷帳本文では、「草山」「草山・柴山」「柴山」「はげ山」「草山・小松」「柴山・小松・雑木」「小松」「小松・雑木」「松林」など多様にあらわされるが、他国との比較の便宜のために、上表では草柴系、草木混在系、木山系と大きく三つに区分した。表右の集計欄からも明らかなように、同国の山々は草柴系が三割強、草木混在系が四割、木山系が三割弱を占め、草柴系と木山系が相拮抗《きっこう》する割合であったことが判明する。草柴系ではそのほとんどが「草山」と表示され、また木山系の中心は圧倒的に「小松」である。なお「はげ(禿)山」は、単独で讃良《さきら》郡と交野《かたの》郡に各一カ所、小松とのセットで丹南《たんなん》郡に二カ所、古市《ふるいち》郡に一カ所ある。

正保年間に大坂方面から生駒山地を望むと、立ち木のない草山と小松のはえた木山、および草山中に松がまばらにはえる山々がながめられた。

阿波・越中・陸奥

二七ページ三つ目以下の表は、河内国郷帳と同様の処理方法で、四国、北陸、東北の各地の山地景観を表示したものである。三つ目の表からは四国阿波国のようすがうかがえる。同国は山深い祖谷《いや》山地方の西部地域と藍《あい》栽培で有名な吉《よし》野《の》川流域の印象から、木山系と山なし村の組合せが想定されるところであるが、ここでも山地の半分近くは草柴系である。さすがに西部の三好《みよし》郡や南部の海部《かいふ》郡などは草木混在系ないしは木山系がかなりみられるものの、吉野川流域の板《ばん》東《どう》・板西《ばんざい》・名西《みょうざい》・麻植《おえ》郡や勝浦《かつうら》川・那賀《なか》川・海部川の中・下流域の山々は草柴系で占められている。なお、同書における草柴系の記載はすべてが「芝山」と表記され、また草木混在系および木山系に分類した木山名はそのほとんどが「小はへ山」「はへ山」である。木山系の表示としては、ほかに「小松山」「杉山」の区分がみられるから、ここにいう「はへ山」とは、シイ・カシなどの常緑系、クリ・クヌギなどの落葉系広葉樹をさすものと思われる。

三つ目の表は北陸にまわって越中《えっちゅう》国郷帳を整理したものである。ここでも一目瞭然、山地は草柴系(「柴山」表示を主流とする)が優占する。なお、この郷帳では、木山系一二五カ村のうち一〇七カ村が「はへ山」と記され、残り一八カ村が「小林山」「松林」「林山」となっている。

最後にあげた表は陸奥《むつ》国棚倉《たなぐら》・岩城《いわき》(磐城平)・中村藩領域の村々を対象にした郷帳の山記載である。これら諸藩の領地の分布から、本表は現在の福島県東部・中部地域のようすを示している。対象村四五二カ村のうち山付き村は三七四カ村にのぼるが、その約七割が草山・柴山に改造されていた。草柴系二六一カ村の内訳は、草山村二一六カ村、芝山村四カ村、柴山村三八カ村、草柴混在村三カ村となっており、ここでは草山が主流であった。一方、二割程度を占めた木山系八四カ村では、雑木山が中心で(六七カ村)、松山は少数である(一三カ村)。他地域との林相の違いもうかがえ興味深い。

近世中期の様相

こうした十七世紀の草山・柴山傾向は、その後も引き続いて維持される。二、三の事例からそのことを確認しておきたい。

事例の一は飛騨《ひだ》国である。次ページに近世中期の一七二七(享保《きょうほう》十二)年、飛騨代官長谷川庄五郎《しょうごろう》▲によって実施された飛騨国山林調査の結果を表示した。飛騨・美濃《みの》地方の林業の歴史をまとめた『近世濃飛林業史』(田上、一九七九)によれば、このころ頻発した山争いを契機に調査が始められたという。その結果、あわせて四六二五カ所の山林が書きだされた。檜・栂・樅・松などの生育する御留山《おとめやま》が六〇五カ所、雑木立山《ぞうきたてやま》・小木立山《こぎたてやま》あわせて一三五〇カ所、柴草山《しばくさやま》二六七〇カ所という分類であった。「御留山」とは百姓などの立入りが禁じられた幕府の山で、「雑木立山」「小木立山」は幕府所有であるが、庶民に薪《たきぎ》・秣《まぐさ》の刈取り

▼**長谷川庄五郎(忠国)** ?～一七二八年。江戸幕府の代官。一七二四(享保九)年より飛騨代官となり、材木売却で一〇万両の収入をえる。子の忠崇《ただたか》も同職に就き、地誌『飛州志《ひしゅうし》』を著わす。

●――飛騨国山林調査（1727〈享保12〉年）

	御留山	雑木立山 小木立山	柴草山	計
大野郡	231カ所	434カ所	978カ所	1,643カ所
吉城郡	164	628	1,070	1,862
益田郡	210	288	622	1,120
計	605	1,350	2,670	4,625
割合	13.1%	29.2%	57.7%	100.0%

田上 1979による。

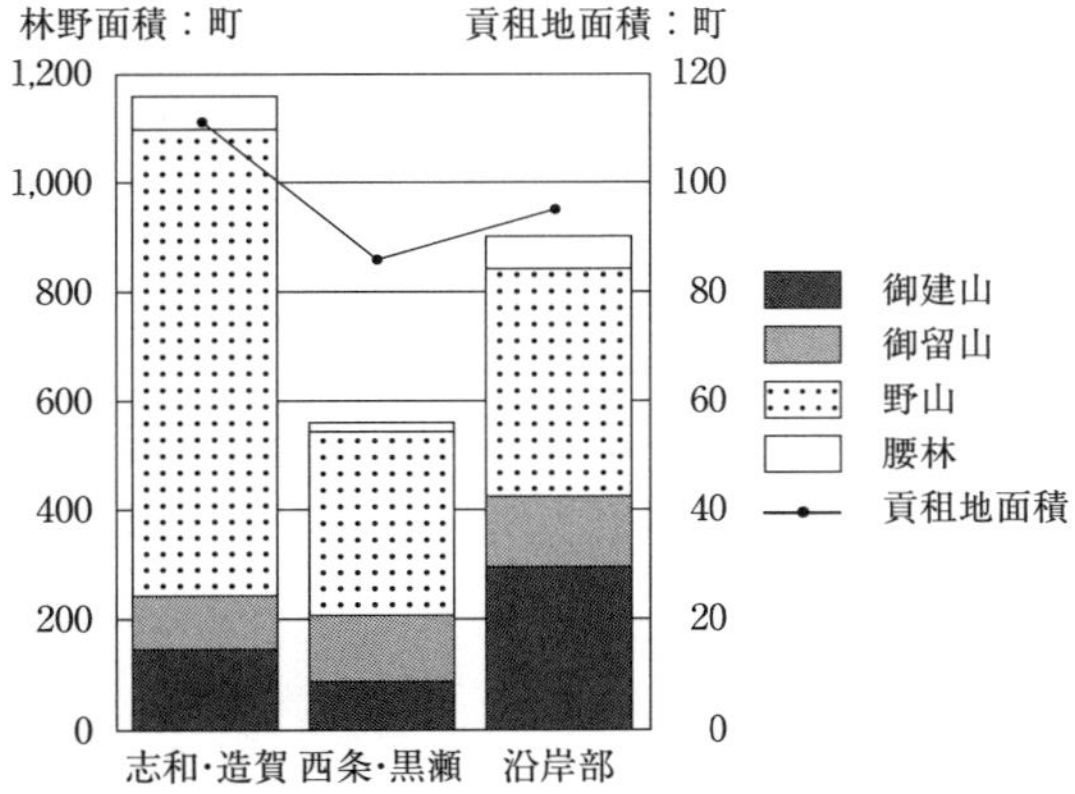

●――安芸国賀茂郡地域別林野構成（1カ村平均，佐竹 2002による）

が許可された山、そして「柴草山」は百姓の持ち山である。

飛騨工《たくみ》をもちだすまでもなく、古来この国は名高い林業地帯であり、近世においても金森氏《かなもりし》▲や幕府代官の手で林業経営が進められた。しかし、前ページ表の数値から明らかなように、この地にあっても、近世の山々は草芝ないしは柴山が中心であり、その割合は総山件数の過半五七・七%を占めていた。なお同調査は、柴草山一二六七〇カ所のうち三五カ所がはげ山であると報告している。

つぎに、近年広島藩の林野利用や植生研究を進める佐竹昭の仕事から、近世中期の安芸《あき》国のようすについてながめよう(佐竹、二〇〇二)。右ページ図は、広島藩が一七二五(享保十)年に作成を命じた「御建山《おたてやま》御留山野山《のやま》腰林《こしばやし》帳」を用いて佐竹が図示した、同国賀茂《かも》郡村々▲(九〇カ村のうちの三六カ村)の山地の概要である。凡例にあるように山地は御建山、御留山、野山、腰林に四分類される。御建山と御留山は松を中心とした藩管理の山、野山は村の入会山である。また腰林は百姓所持の林で、小松・雑木を主力とし、クリやカシの併記もみられるという。帯グラフは三本の柱からなり、左端の志和《しわ》・造賀《ぞうか》地域は郡内北方の山がち村々の平均値、中央の西条《さいじょう》・黒瀬《くろせ》地域は西国街道〜黒瀬川流域、沿岸部は

▼**金森氏**　金森長近《ながちか》が、近江《おうみ》国野洲《やす》郡出身。織田《おだ》・豊臣《とよとみ》に仕え、一五八六(天正十四)年、飛騨一国をあたえられて高山城主となる。一六九二(元禄五)年六代頼旹《よりとき》のときに出羽国村山郡上山《かみのやま》に移封。以後飛騨一国は幕府領となった。

▼**賀茂郡村々**　現在の竹原《たけはら》市、東広島市、呉《くれ》市の一部など。

瀬戸内海に接する村々の平均値である。四分類の割合にバラツキはあるが、いずれの地域にあっても野山の割合が他を圧倒している。この野山は「柴草山」や「草山」「牛飼い場」などと注記される草柴系の山で、一部に松や雑木も散見されたという。近世中期瀬戸内の安芸国でも山地の過半は草柴化されていた。

なお、同グラフで、右側の折れ線グラフ用目盛りは貢租地面積(＝田畑屋敷地)の数値、左側の帯グラフ用目盛りは林野面積の数値を示すが、後者が前者に比べて一桁大きいところが注目される。地域によりかなりの差があるものの、野山の保有状況は田畑の二倍から九倍となっていた。

比叡山・東山

絵画史料を用いて京都周辺の景観を論じた小椋純一の研究(小椋、一九九二)も、近世の山地に注目する本書にとって示唆《しさ》的である。比叡山《ひえいざん》から南に連なる京都東山《ひがしやま》の世界を描いた「東山全図」(『再撰花洛名勝図会』)を題材としながら小椋はつぎのように解説する。

北は比叡山から南は稲荷山に至る東山の江戸末期の植生景観は、場所によってかなり異なっていた。比叡山から大文字山《だいもんじやま》を通り大日山《だいにちさん》に至る山々には、大きな樹木は少なく、おそらく柴草の採取に利用されていたと思われる低い植生景観が広く見られたものと考えられる。あるいはまったく植生のないような所も少なくなかった可能性も考えられる。そのために、東山の北方の比叡山付近では、その南方中腹にある一本杉や、瓜生山《うりゅうやま》の将軍《しょうぐん》地蔵《じぞう》の木立のような大木は、図に描かれているとおり、町の方からもよく見えていたものと思われる。(中略)大日山の南、華頂山《かちょうざん》から阿弥陀ケ峰《あみだがみね》にかけての山々にはよい松林がほとんどとぎれることなく続いていた。その山々の中腹から麓《ふもと》にかけて、社寺などの周辺には、杉や楓《かえで》などの林も所々に見られたものと思われる。

すなわち、近世後期の京都東山の世界は、比叡山から大日山(南禅寺東方)辺りまでは樹木のない柴草山であり、他方、それ以南の社寺の背後には立派な松林や杉、楓などの社寺林がみられたとする。

小椋の指摘にある比叡山一帯の植生に関連して、これが山麓村々の農業活動に直結するものであったことが、西麓の八瀬《やせ》村▲と高野《たかの》村▲の争論から明らかとな

▼八瀬村　京都市左京《さきょう》区八瀬。
▼高野村　京都市左京区上高野。

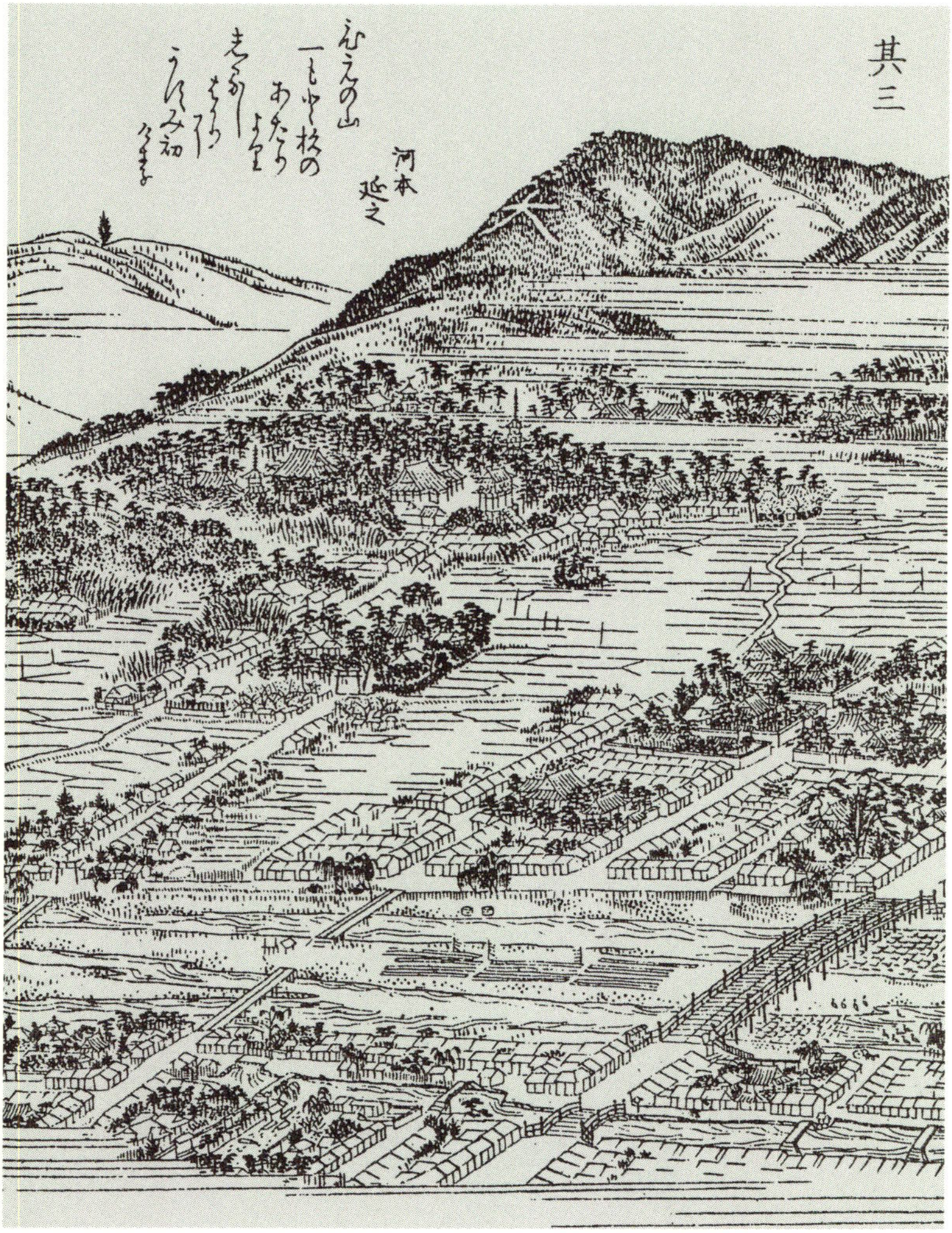

しはかりにかすみ初けり」と記されている(「東山全図」『再撰花洛名勝図会』)。

●―比叡山・東山の風景　一本杉付近には「ひえの山―もと杉のあたりよりしる

り米俵を運んできた牛車の姿もみえる。

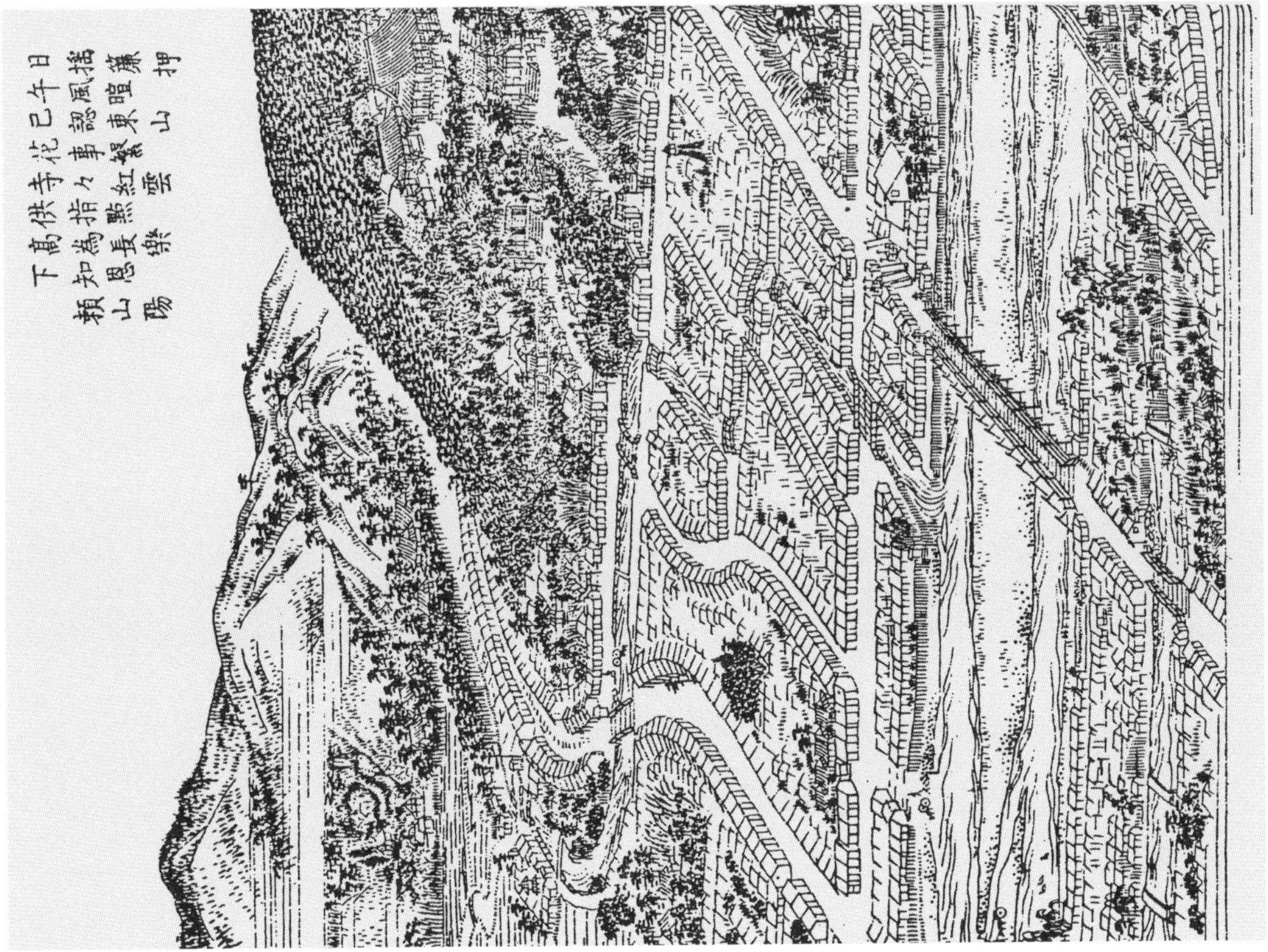

●―左の大橋が四条大橋，右の大橋が五条大橋。鴨川や白川の川中には，大津よ

る。高野村に残る訴状からみてみよう。

山城《やましろ》国愛宕《おたぎ》郡高野村は村高八百十一石八斗七升の村で、昔から禁裏《きんり》様の領地です。山の義は、比叡山西塔の南尾《みなみお》と東塔の西谷《にしだに》の両谷を山年貢《やまねんぐ》を支払い借用してきました。高野村はこの山で、八百石余の田畑を養う肥やしを刈り、また禁裏《きんり》御所《ごしょ》御用の「かい敷の葉▲」や「御馬の入草」「年頭の御門松」などを進上してきました。これに対して彼の八瀬村は、わずか三百石余の村にもかかわらず山林を多く持ち、山内が一里余もございます。にもかかわらず八瀬村は度々理不尽の横領を仕掛け、なんとも迷惑至極です。ことにこの争論が決着するまで比叡山より入山禁止を仰せ付けられ、高野村の者は一切農作業などの仕様もなく、いよいよ迷惑に存ずるところでございます。（『叢書　京都の史料』四）

この争論は寛永《かんえい》〜寛文《かんぶん》年間(一六二四〜七三)の長きにわたって争われたが、訴状によれば、比叡山は「田畑の肥やし」や禁裏御用のための柴・門松取得のための山として利用されているという。なかんずく「八百石余の田畑を養う肥やし」確保が筆頭にあげられている点が注目される。京都近郊ということで、こ

▼かい敷の葉　苴《かいしき》の葉。食物を盛る器や神饌《みけ》にしく木の葉。

の地域の山々は都市住民用の燃料供給地としても重要であったが、高野村に即していえば、そこは肥料用採草地としての役割こそ第一義的であった。

以上、眺望したように、日本近世の山地景観は、いずれの地域にあっても草山・柴山を主流とし、その傾向は近世を通じて変わることがなかった。このことは、この社会において、全国各地で山地を草山・柴山状態に保つための働きかけが持続的に行われた事実を示すものである。そして、どうやらそれは当時の農業のあり方と深く関係していた。以下、章を改め当時の農業活動について検討することにしよう。▲

●――大原の柴うり、八瀬の黒木売(『百人女郎品定』)

▼近代の景観　近世に続く近代の山地景観については、土屋俊幸の研究(一九九一)を参照のこと。なお、本書は、右の土屋の研究をはじめ、中堀謙二(一九九六)、磯田道史(一九九六)などの研究成果に啓発されながら組み立てたものである。

③——草肥農業

刈敷の風景

全国的な草山《くさやま》・芝山《しばやま》化、柴山《しばやま》化は「田畑の肥やし」や「牛馬の秣《まぐさ》」を取得するためだということであった。本章では、そうした草山や柴山を必要とした近世農業のあり方について考える。なお、以下、煩雑ゆえ、草山・芝山については、これらをあわせて草山と総称する。

近世の春の農村風景を描いた二枚の図の解読から始めよう。一枚目は本書の扉写真に掲げた図である。十九世紀の初頭に、薩摩《さつま》藩が農業振興のために編纂した博物誌『成形図説《せいけいずせつ》』▲に掲載された挿し絵である。多数の農民が水田で忙しく働く姿を描いている。畦《あぜ》におかれたり手にもたれた束《たば》は、一見したところ稲の苗のようであるが、子細にみると田植えの風景ではない。図の中段では農民が足で、また遠方では馬がこの束を田に踏み込んでいるのである。図に添えられた歌には、「春深き　小田の沢水せきとめて　草かり入るる　賤《しづ》がなわしろ《(苗代)》」とある。つまり、これは人馬が田に草を踏み込む農作業風景である。

▼『成形図説』　藩主島津重豪《しまづしげひで》の命で、曾槃《そうはん》、白尾国柱《しらおくにはしら》などが編集にあたった。内容は、農事から五穀・蔬菜《そさい》・薬草・魚介・禽獣《きんじゅう》などにおよぶ。全一〇〇巻の構想で一〜三〇巻が一八〇四(文化元)年に刊行された。

次に、四四~四五ページ図をみてみよう。こちらは信濃善光寺《しなのぜんこうじ》参りをテーマとした『善光寺道名所図会《めいしょずえ》』(一八四三〈天保《てんぽう》十四〉年刊行)に描かれた一場面である。場所は前後の名所記事から推して、安曇《あづみ》郡保高《ほたか》村▲付近の農村風景と思われる。ここでは、田に運ばれた小枝状のものを人馬が踏み込んでいるようすが注目される。また、右画面の上方に目をやると、山中で木の枝を刈りとる人たちの姿もみえる。

田に踏み込まれるこのような草や小枝はいったいなにか。農業関係の辞典を調べると、これらは自給肥料の中心をなす「刈敷《かりしき》」であることがわかる。『写真でみる日本生活図引』から示してみる。

刈敷　刈敷は肥料として田に敷き込む木々の若葉や草のことで、カチキ、カッチキなどともいい、水田のあるところではたいてい使っていた。刈敷の歴史は古く、すでに八世紀、九世紀の記録にみえるが、さらにそれより前の弥生《やよい》時代後期の遺跡から出土する大足《おおあし》は、これを田に踏み込む用具と考えてさしつかえない。若葉や草は肥料としてはすぐに効目《ききめ》があるわけではないが、地方によっては「青草四駄《よだ》▲入れれば肥《こやし》いらず」といい、毎年かな

▼**保高村**　長野県安曇野市穂高《ほたか》。

▼**駄**　馬一疋に背負わせる荷物の重量。一駄は約三六貫(一三五キロ)。

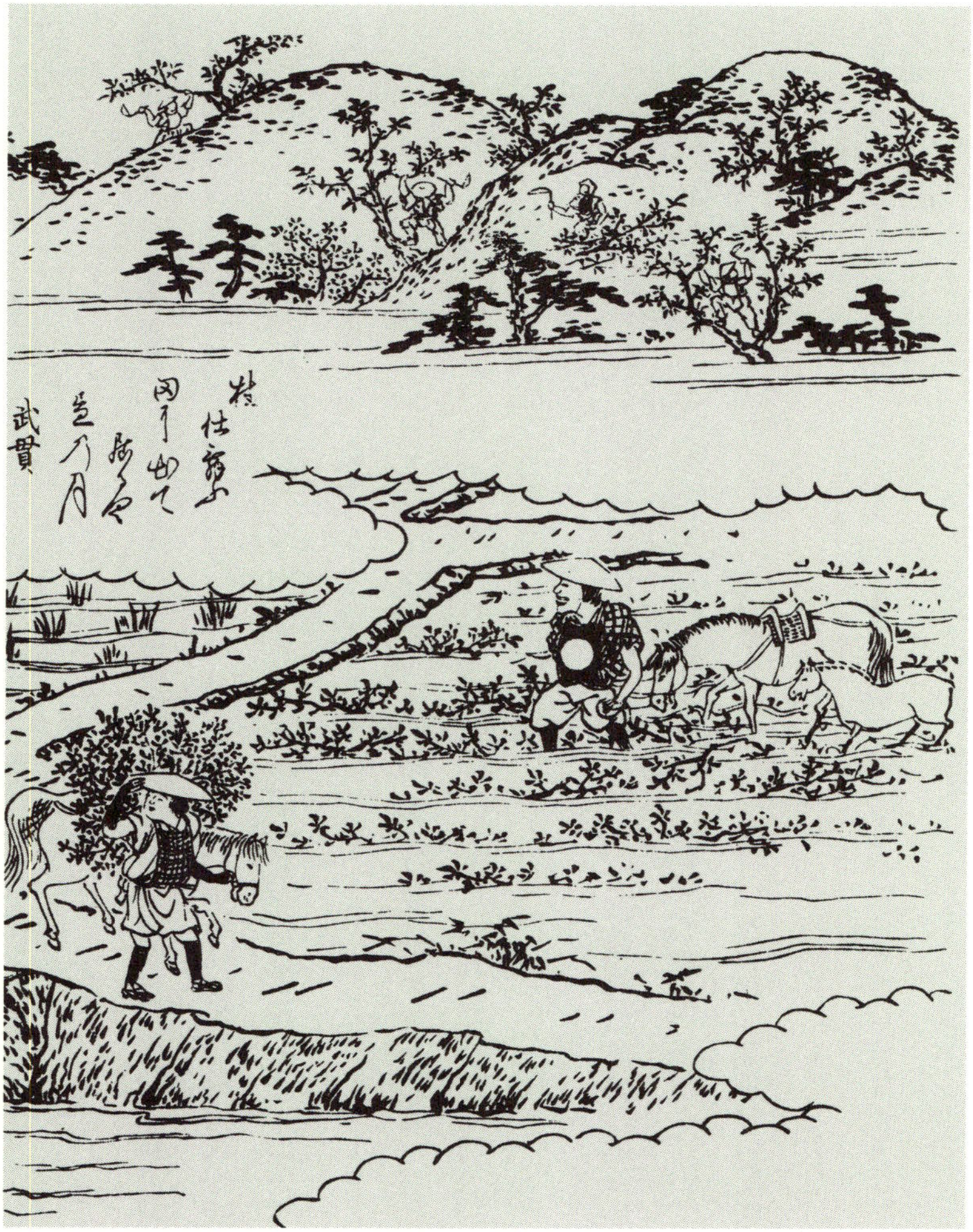

ほととぎすが飛ぶ(『善光寺道名所図会』)。

●——信濃善光寺道の田園風景　刈りとった木枝を田に敷き込んでいる。空には

らず入れた。化学肥料のような速効性はないかわりに、毎年入れつづけることで肥料としての効果が表れ、稲を作る地力が保たれた。(中略)刈敷にする木の葉や草は地域によってさまざまで、草の刈敷をクサカッチキ、木の葉や新芽の刈敷をキカッチキと呼んで区別するところもある。キカッチキは枝が付いたままのもので、そのまま田に入れた。

代掻《しろか》き▲のあと、田植えの前に若草や新芽・若葉を肥料として田に踏み込む刈敷農法は、日本の農業に伝統的なものであった。そして右の二枚の図は、まさにこの農法に基づく農作業風景を描いていた。扉写真はクサカッチキ、四四〜四五ページ図はキカッチキの図ということになる。

▼代掻き　田植え前の田に水を満たし、土の固まりをくだいてならす作業。

近世肥料の研究

日本農業史研究の泰斗《たいと》、古島敏雄の解説になる近世農業の特質もまたこの刈敷を中心とした草肥に焦点があてられる。古島の研究から関係部分を拾ってみよう(古島、一九四七・四九)。

○近世を通じてわが国農業全般の生産の継続を可能ならしめたのは(中略)金《きん》

▼**金肥**　代金を支払って購入する肥料の総称。鰯《いわし》を天日で干した干鰯《ほしか》や、鰯・鰊《にしん》の魚油をとったのち圧搾《あっさく》した〆糟《しめかす》、菜種《なたね》や綿実の油をしぼった際にでる油糟《あぶらかす》などが代表。

▼**人糞尿**　都市周辺農村では都市住民の人糞尿も金肥であった。十八世紀にはいると、その取得をめぐるテリトリー争いも生じた。たとえば一七二三(享保八)年、山城国農村一五二カ村は、都市京都の人糞尿の他国販売禁止を願いでている。

肥《ぴ》ではなかった。『清良記《せいりょうき》』に現われたわが国最古の農学的知識の示すところは、山野の草木葉の利用が中心であり、(中略)草木葉の肥料としての適否の判定法が、肥料論の中心をなしている。

○自給肥料の中心は人糞尿《じんぷんにょう》・厩肥《きゅうひ》《うまやごえ》・山野の草木たる刈敷である。右のうち人糞尿を除いて、その主たる給源を山野に持っている。厩肥は牛馬の屎尿《しにょう》とともに、飼料の残滓《ざんし》および敷草《しきくさ》がその大なる構成分をなし、それらの飼料および敷草はその主要部分を山野よりの刈草に負っているのである。

○刈敷が水田の主要肥料となっている地帯は、徳川時代においてはきわめて広範囲に及んでいる。(中略)戸谷氏の研究によれば東北・関東・東山・九州などには刈敷系統の肥料のきわめて多く利用されたことを知ることができる。(中略)近畿区・東海区は比較的金肥使用の著しい地域とされるのであるが、その地方にあっても刈敷・厩肥の利用は著しいものであり、戸谷氏によっても、近畿区にあっても丹波《たんば》のごときは一般的に刈敷・厩肥によることを知りうる。

このように、近世農業における肥料の中心は山野の草木葉を田畑に敷き込む刈敷、および牛馬を介した厩肥であったという。

古島が引用する戸谷の研究とは、戸谷敏之が一九四〇年代前半に精力的に行った近世肥料研究をさしている。戸谷は遺著『近世農業経営史論』において、近世農業の形を東北日本型と西南日本型の二つに類型化したことで著名だが、類型指標の筆頭に肥料問題をすえ、東北日本型＝刈敷・厩肥・人糞尿中心、西南日本型＝人糞尿・魚肥中心としていた(戸谷、一九四九)。戸谷の関心は、日本農業の近代化にあったから、分析の重点は魚肥などの金肥を用いた西南日本型におかれた。しかし古島は、戸谷の研究からみても、当時の農業の大勢は伝統的な草肥農業だったと結論づけている。

農書から

こうした古島や戸谷の研究の基礎には、近世に書かれた多数の農書▲(農業書)が存在した。以下、古島・戸谷の仕事を後追いしながら、何点かの農書をひもといてみる。

最初に、古島の紹介にもあった『清良記』をみてみよう。同書は四国伊予《いよ》国の

▼**農書**　近世の農書のおもなものは一九七七年から二〇余年をかけて編集された『日本農書全集』(全七二冊、農山漁村文化協会)に集大成されている。以下、農書の引用はおおむね同書の口語訳による。

戦国武将土居清良《どいきよなが》▲の生涯を描いた軍記物《ぐんきもの》▲で、そのうち農業技術を論じた第七巻が、中世～近世移行期の様相を記した日本最古の農書とされる。ここでは刈敷や堆肥《たいひ》を草肥と呼び、身肥《みごえ》と総称される人糞尿や厩肥とならぶ二大肥料として詳述する。

糞草の事

一、蕨草《わらびぐさ》　一、小萩　一、おりと　一、ぜんまい　一、たつ
(にわとこ《(庭常)》)　一、土たつ　一、河原杉(すぎな)　一、蓬《よもぎ》　一、葛《くずの》
葉《は》　一、青茅《あおがや》　一、かつら《(葛)》類　一、うつぎ《(空木)》　一、海草類
一、観音草　一、畑草《はたけぐさ》類

これらは、草木のなかでもたくさん採取できてすぐれた肥料になる。このほかにも数えきれないほどたくさんある。肥料に利用できる草の品質がよいか悪いかを知るには食べてみればよい。食べてみて味のよいものが上質の肥料になる。(中略)右に記した草のほかに、桑、柳、みぞこうじゅ、はぜ《(櫨)》のき、えのき《(榎)》、にれ《(楡)》、むくげ《(木槿)》、桃、藤、豆類の葉などは特に上質である。常緑樹の葉はよくないが、それでも夏木立の柔らかい葉であればよい。

▼**土居清良**　土居氏は鎌倉時代に河野氏を頼って、紀伊《きい》国牟婁《むろ》郡から伊予国に移る。戦国時代末期、宇和《うわ》郡中村(愛媛県宇和島市三間《みま》町土居中《どいなか》)を領有し、三間大森山に城を構えた。清良は、宇和島《うわじま》の西園寺《さいおんじ》氏旗下一五将の一人として活躍し、その一代記は『清良記』三〇巻にまとめられた。

▼**軍記物**　古代末期から近世初頭までに著わされた合戦を素材とする文芸作品。『将門記《しょうもんき》』を最初とする。

栗、柿、かし《(樫)》、くぬぎ《(櫟)》の類は肥料としては適さない。しかし、土に何も入れずにおくより、これらの葉でもよいから、少しでも入れるほうがましである。(『日本農書全集』一〇)

わらび・ぜんまい・蓬といった草類から、ハギ・葛などの低木・蔓草《つるくさ》、柳・櫨・榎・栗・樫などの高木類までが草肥の原料としてあげられている。肥料としてのよしあしを味で判別するところも面白い。

近世の農書の代表とされる宮崎安貞《やすさだ》▲著『農業全書』(一六九七〈元禄《げんろく》十〉年)も草肥の効用を説いている。

草肥とは、山野の若い柴や草(ほどろまたは刈敷)を肥料にしたものである。これを牛馬に敷かせたり、積み重ねて腐らせたり、またはそのまま田畑に多く施すと、とりわけ効果が大きい。草肥を入れた田畑の土は、軟らかくさらさらになって、いつまでも肥えているものである。草肥は柴や草の陽気が盛んな時に刈って作ったものだから、その陽気が五穀をはじめいろいろな作物の陽気を助け、作物がよく生育するのも道理があることなのである。(『日本農書全集』一二)

▼**宮崎安貞**　一六二三〜九七年。安芸国の出身。筑前《ちくぜん》国志摩《しま》郡に住み、農業を営みながら、農業技術の改良に取り組む。また、各地をまわって農業の実情を研究し、中国の農書も踏まえつつ『農業全書』を著わす。

柴や草を厩舎にしいて牛馬の糞尿とブレンドした肥料が厩肥、積み重ねて腐らせたのが堆肥《たいひ》、そしてそのまま田畑にほどこすのが刈敷である。宮崎は草肥を、苗肥《なえごえ》(豆類)、灰肥《はいごえ》、泥肥《どろごえ》とともに田畑を肥やす四大肥料の一つと評している。

草刈り作業

一八〇八(文化《ぶんか》五)年に下野《しもつけ》国の小貫万右衛門《おぬきまんえもん》▲が記した農書『農家捷径抄《のうかしょうけいしょう》』は、肥料の冒頭に草肥をあげ、年間のタイムスケジュールにそって、その重要性を記す。

> 私が住む村は田へ肥料を多く入れなければならない土地柄で、節分《せつぶん》がすぎて九十五、六日目ころからそのための草を刈りはじめる。刈り取る量として「一駄《いちだ》刈り」を村の掟《おきて》で定めている。「一駄刈り」とは、馬で一駄分(六把付け)刈ることで、一日にこれ以上刈ることを禁じている。本格的に草刈りを始める時は、そのことを村役人が村中へ通知する。この通知があってからの草刈り期間中(約十五、六日)は、一軒で一日に二駄ずつ刈り取ること

▼**小貫万右衛門(信房)**　一七六二～一八三七年。下野国芳賀《はが》郡小貫村(栃木県芳賀郡茂木《もてぎ》町小貫)の名主《なぬし》。江戸時代後期の北関東農村では、商品貨幣経済の浸透にともなう農村荒廃が進んでいた。そうした現象に対する危機感から、四六歳のとき、小規模経営をモデルにして農耕技術の心得と農家道徳を説いた『農家捷径抄』を著わす。

●—毎日草刈(土屋又三郎『農業図絵』)

●──1813(文化10)年丹後国加佐郡久田美村の草刈り

3／19(1813年4月19日)　苗代予定地に新床をつくり，女は苗代肥えにするために，むしり草といって，道の端あるいは川端で草を引く。

＊むしり草＝苗代に肥料としてしきこむ草。

3／21　水田を起こす(〜28)。女はむしり草引きをする。

3／23〜24　女はむしり草引きをする。

4／2　綿蒔き。

4／4　肥え草の刈り始め。

4／5〜7　男女ともに肥え草刈り。

4／8〜12　休み。

4／13　男は種籾蒔き。女は肥え草刈り。

4／14　菜種刈り。半日は肥え草刈り。

4／15〜17　男女ともに肥え草刈り。

4／20　肥え草刈り終了の半日休み。

4／21　女は肥え草刈り。

4／25・27・29　大麦刈り。

4／30　田植えの準備。これまで麦を植えてあった田を耕し，肥え運び。

5／2〜4　麦田へ肥え運び。

5／6　麦田のうね溝へ肥え草をいれる。壺肥え・垢《あか》肥えもほどこす。

＊壺肥え　菜種油糟や城下で買い集めた人糞尿などを壺にたくわえ，肥料にしたもの。

＊垢肥え　風呂水などの生活排水，台所ゴミなどを肥料にしたもの。麦田の溝に柴や草を一緒にして施肥する。

5／7　壺肥えをいれ，柴肥えを積みあわせる。

5／12　田植え(〜18)。田植えの終ったところから柴肥えをどっさりいれる。

5／20　休み日(小休み)。田植えに使役した牛をじっくり養生させる。

5／24(1813年6月22日)　休み日(大休み)。田植え仕舞の祝い。

7／5(1813年7月31日)〜6　女は麦の上肥えとするために下木刈りをする。

＊上肥え　下木などを腐らせてつくった堆肥。この製造・施肥はおもに女性の仕事。

＊下木刈り　堆肥とするために，山野に生えている背の低い草木を刈りとる作業。

7／7〜8／1　朝草刈りといって，牛の草だけは休み日でも朝のうちに刈る。

7／8〜13，16〜18，20〜21　下木刈り。

7／25　蓑《みの》草刈り。

＊雨具である蓑の材料となる茅や菅刈り。

8／10　早稲田《わせだ》の稲刈。以後10／20(1813年11月12日)まで稲刈。

「百性作方年中行事」(『日本農書全集』40)による。

ができる。(中略)節分が過ぎて百十日目ころから、「柴刈りの日」を村役人が通知する。これ以後は努力次第で一日に五駄でも七駄でも、肥料にする木の若芽や枝を刈り取ってかまわない。この柴刈りは、三、四日のうちにことごとくやってしまうから、その後はやらない。たとい刈り取っても、その後の柴は肥料には適さないし、ちょうどそのころは、あらゆる畑作物の種蒔きの最中で忙しく、手と足をとり違えるほどあわただしい時期にぶつかるからである(中略)。私の村では、田植えが終わると「つくて」といって草を刈り積《つ》み肥《ごえ》にする。「つくて」を刈り終わったら、「夏肥《なつごえ》」といって、九月九日まで毎日一駄以上、ひまがあれば三、四駄もの夏草を刈る。(『日本農書全集』二三)

草刈りを始める節分後「九十五、六日目」とは、西暦に換算すると一八〇八年の五月九〜十日、「百十日目」は五月二十四日にあたる。そして、刈敷施肥・田植え作業が終ると、今度は堆肥・厩肥用の草刈りが始まる。同書では堆肥を「つくて」と呼ぶところからみて、ここにいう「夏草」は牛馬の飼料および厩肥用敷き草に用いるものであろう。

●――江戸周辺の草刈大鎌(大蔵永常『農具便利論』)

▼久田美村　舞鶴《まいづる》市久田美。

丹後国《たんご》には、一八一三(文化十)年に加佐《かさ》郡久田美《くたみ》村▲が田辺《たなべ》藩の要請で作成した年間農作業報告書がある(「百性作方年中行事」『日本農書全集』四〇)。五三ページ表にまとめたように、ここでも草刈りや草肥施肥が、三〜五月および七月の農作業として頻出する。三月中旬に始められた草刈りは四月中旬まで続けられ、野良《のら》に運ばれて苗代や田植え前の麦田《むぎた》の溝にほどこされる。また七月には「下木刈り」「朝草刈り」と呼ばれる草刈りが集中して行われる。ここでは堆肥用＝下木刈り、牛馬の飼料・厩肥用＝朝草刈りといっていた。

刈敷の必要量

こうした草肥取得のために、いったいどのくらいの広さの山野を必要としたのであろうか。信濃・尾張の林地を中心に近世林業論を展開した所三男は、田畑に必要な刈敷量についても言及し試算している(所、一九八〇)。

所によれば、信濃国松本《まつもと》藩領の村々では、近世中期においてつぎのような分量の刈敷が必要であったという。

・水田一反に刈敷一五〜三五駄必要。畑一反には一五駄ほど必要。

▼六尺縄　約一・八二メートルの長さの縄。なお六尺帯・六尺袖・六尺褌《ふんどし》・六尺棒・一間（＝六尺）・丈六仏（一丈六尺の仏）など、六尺という長さは空間をはかる歴史的目盛りとしても注目される。

▼榾　燃料に用いる木の切れ端。

・一駄＝六尺縄▲四束＝三〇貫＝山地五〜六畝の面積を必要とする。

この換算に基づくならば、一反（約一〇アール）当り必要刈敷量平均二〇駄として、「二〇駄×五〜六畝＝一〇反〜一二反」となり、田畑面積の一〇倍を超える山野がないと十分な肥料確保ができないという計算になる。たとえば五〇町歩（約五〇ヘクタール）の村（村高五〇〇〜六〇〇石、家数一〇〇戸平均）を想定してみると、「二〇駄×五〜六畝×五〇町歩」で、約一万駄・五〇〇〜六〇〇町歩の山野を必要とするのである。前章でながめた全国的広がりでの草山・柴山化は、このような膨大な草肥需要に対応した景観である。

なお、所は関連して、山野から取得する農家一戸当りの薪炭《しんたん》消費量（榾《ほた》▲を含む）を年間二〇〜三〇駄と計算している。これを、かりに刈敷と同様の計算式で換算すると、一〇〇戸の村（五〇町歩）×平均二五駄＝二五〇〇駄＝一二五〜一五〇町歩となり、刈敷取得用地の四分の一程度が燃料用の木柴取得地として必要だったことになる。

全国各地で頻繁に生じた野火を手がかりに、三章にわたって、近世の山野のようすをながめた。そこは、当時の人間の手によって草山・柴山に大改造されており、とりわけそれは村里近くの山野において顕著であった。

　自然の遷移を阻止して草山・柴山循環を強制させたのは、主として草肥を取得するためであった▲。刈敷、堆肥、厩肥を主要な肥料とした当時の農業は、その原料として膨大な草・柴を必要とし、そうした生業のために山野の大改造が推し進められたのである。古い時代から継承されてきた草肥農業は、この近世にいたり満面開花の時期を迎えていた。

▼塩業・窯業と森林伐採　なお、山野の草山・柴山化の要因としては、草肥確保のほかに、塩業や窯業・鉱山業などにおける燃料確保のための森林伐採が考えられる。しかし千葉徳爾は、たとえば播磨《はりま》国赤穂《あこう》の製塩業に用いられた燃料用松葉は皆伐林の産物ではなく、間伐下刈によるものだとして、森林伐採と燃料確保との直接的な因果関係を否定している(千葉、一九九一)。草山・柴山化の主要因は草肥農業に求められる。

④—山論・牛馬・新開

山論

草肥確保のための山野の改造は、そこにさまざまな社会関係を顕在化させ、また各種の解決困難な社会問題を発生させた。本章、次章では、草山《くさやま》化、柴山《しばやま》化にまつわる社会事象・社会問題のなかからいくつかを取り上げ、近世の社会と自然についての観察をさらに進める。

さて、近世の山野に注目したとき、もっともポピュラーな問題は山野の所有・利用をめぐる紛争である。山論《さんろん》と呼びならわされるこの争いは、水争い（水論《すいろん》）とならぶ二大紛争として、全国六万余の村々の歴史に刻み込まれている。そして、山論の多くが、さきの比叡山《ひえいざん》山麓村の紛争のように、草山・柴山の争奪戦であった。一例として兵庫県川西《かわにし》市市域（摂津《せっつ》国川辺《かわべ》郡）の山論を題材としてみよう。六〇ページ上表は『川西市史』第二巻から関係記事を拾い表にまとめたものである。一見して明らかなように、十七世紀後半にはいって山論があいつぐこと、争論の多くが芝野・草山の境界争いや、柴木刈取り問題をめぐってであることなどが判明する。たとえば一六七二(寛文《かんぶん》十二)年の黒川《くろかわ》村と中《なか》村の争論は、両村立合の黒川村領の草山に中村農民が多数はいりこみ、木柴などを刈り取り、そのうえ黒川村村民を打擲《ちょうちゃく》したことが争点である。また一六七七〜七八(延宝《えんぽう》五〜六)年の国崎《くにさき》村と田尻《たじり》・出野《しゅつの》村の草山争論は、江戸幕府の延宝検《けん》地《ち》▲に関連して生じた。延宝検地は、田畑・屋敷だけでなく山林原野をも丈量《じょうりょう》対象とした点で、それまでの検地と区別されるが、国崎村は検地奉行による領境改めをチャンスとして訴えを起こした。争論は翌年まで続き、双方合意の絵図がつくられる。

山をめぐる紛争それ自体は近世に限られたものではない。しかし、そうした紛争の激増という社会現象は、とりわけ近世前期に特徴的である。そして、その多くが草山・柴山を対象としたことに注目すれば、これらの山論はこの時期に起きるべくして起きた現象ということができる。

というのは、十七世紀という時期は、「徳川《とくがわ》の平和▲」のもと、農業に専念する百姓身分の成立や大規模水利灌漑事業の進展のなかで、農業生産活動が質量ともに飛躍的に進展した時代だったからである。次ページ下表によれば、この一

▼**検地**　領主が所領把握のために行った田畑や屋敷の丈量。そのうえで算出された石高《こくだか》(米穀収穫見込み量)が領地配分や年貢賦課の基礎数値となった。豊臣秀吉の太閤《たいこう》検地ののち、江戸時代にはいってからも、幕府領・大名領で各種の検地が実施された。

▼**「徳川の平和」**(Pax Tokugawana)　徳川の将軍権力のもとで維持された江戸時代の平和を、ローマ時代に樹立された地中海世界の平和(Pax Romana)になぞらえて評する近年の用語。

●──川西市域付近の山論

1667(寛文7)	寺畑村／栄根村寺山争論　栄根寺寺山
72(　12)	黒川村／中村境界論　黒川村領草山で中村農民木柴刈り，材木伐採
73(　13)	久代村上野台芝野境界論
77(延宝5)～78	国崎村／田尻・出野両村境界論　国崎領の草山
78(　6)	黒川村／稲地村立会山争論　柴木刈取り問題
79(　7)	東多田村／古江村領境論
87(貞享4)	寺畑村／栄根村寺山争論　柴草取り
93(元禄6)～94	吉川村／笹部村など4カ村　柴草・薪山の山年貢問題
94(　7)	国崎村／吉川村　郡境争論
96(　9)～99	寺畑村／栄根村寺山争論　柴草取り
1710(宝永7)	見野村／東畦野村など7カ村　西長尾山(肥草山)利用
11(　8)	寺畑村／加茂村　境界争論
11(正徳元)	西多田村／矢問村　請け山問題
31(享保16)	寺畑村／栄根村寺山争論　松木切り
32(　17)	満願寺村／平井村など3カ村　草刈り
43(寛保3)	寺畑村／加茂村　境界争論
91(寛政3)	国崎村／下田尻村　草木問題
1809(文化6)	西多田村／矢問村　請け山問題
16(　13)	出在家村／西多田村　土砂留山松木伐採

『川西市史』第2巻による。

●──江戸時代農業の数量的発展

時　期	人　口(万人)	耕　地(万町歩)	石　高(万石)	実収石高(万石)
1600年ごろ	1,227 (1600年)	220 (1600年)	1,851 (1600年)	1,973 (1600年)
1650年ごろ	1,750 (1650年)		2,313 (1645年)	2,313 (1645年)
1700年ごろ	3,128 (1721年)	296 (1721年)	2,580 (1697年)	3,063 (1700年)
1750年ごろ	3,101 (1750年)		2,970 (1716～48年)	
1830年ごろ	3,248 (1834年)	306 (1843年)	3,043 (1830年)	3,976 (1830年)
1870年ごろ	3,481 (1872年)	359 (1872年)	3,222 (1872年)	4,681 (1870年)

鬼頭宏 2002による。

〇〇年間に、耕地面積で一・三五倍、実収石高で一・五五倍となり、人口はじつに二・五五倍にふくれあがったと試算されている。こうした、人間の活発な生命・生産活動の一環として、これまでにながめたような山野の大改造が進展し、またその奪い合いも激増したのであった。

村落間で生じた山論とならんで、山所有や山利用をめぐる村内の紛争も始まった。たとえば、一六八八(貞享《じょうきょう》五)年に川西市に隣接する摂津国能勢《のせ》郡天王《てんのう》村▲で生じた年寄山《としよりやま》をめぐる紛争は、象徴的な事件である(『能勢町史』三)。同村には古くから草分け百姓▲の家筋六軒(=年寄《としより》)だけが代々継承し利用できる年寄山と呼ばれる山があったが、十七世紀にはいり、村内の新参小百姓たちがその配分を要求し始めたのである。年寄たちは、同山は村の公共事業用材の取得や自分たちの「田畑こやし山」として利用してきたとして、要求を拒否したが、結局は他の村山を小百姓に配分することになった。伝統的な村共同体の山利用のルールが、活発化した農業活動の展開のなかで、新興村民の運動によってくずされていくようすがうかがわれる。

▼**天王村**　大阪府豊能《とよの》郡能勢町天王。

▼**草分け百姓**　原野を開拓して最初に住み着いた百姓。村の草創に寄与したということから、その子孫は村役人を世襲し、宮座《みやざ》総代を務めるなど、村運営の中核をなし、各種の特権も保持した。

村掟・山割り

村内外の紛争をへるなかで、村掟《むらおきて》▲などの制定を通じて、持続的に山野を改造し利用し続ける地域社会のルールづくりも進められた。同じく摂津国能勢郡長《なが》谷《たに》村▲の村山を題材にすると、ここでは近隣の槻並《つくなみ》▲・田中《たなか》・平瀬《ひらせ》村などとの入会《いりあい》部分については、一六六七（寛文七）年に「先規の通り下草・かや（茅）は立合い刈り申し候、牛は入れ申さず候」という取決めをしている。また村民入会部分については、一六九五（元禄《げんろく》八）年に村中相談のうえで、「三月朔日《ついたち》より十月晦日《みそか》まで、下草互いに刈り申すまじく候」「霜月《しもつき》朔日より二月晦日まで、篠《しの》・萱《かや》村中入り合い刈り申すべく候」などと定めている。

農業活動の活発化のなかでしばしば生じる盗み刈りや過剰利用を防止するために、共有山を村民に分割して利用・管理させる山割《やまわ》りや、札数《ふだかず》を決めて入山をコントロールする札山《ふだやま》の制度も考案された。近江《おうみ》国神崎《かんざき》郡の繖山《きぬがさ》（観音寺《かんのんじ》山）・箕作《みつくり》山山麓一帯の村々は、村山を村内各戸に割りあて、一定の条件のもとで利用させる山割りの慣行をつくったことで知られている（原田、一九六九）。たとえば新堂《しんどう》村▲では、一六五一（慶安《けいあん》四）年に箕作山内の惣山《そうやま》▲を村民に配分する

▼**村掟**　中世〜近代の村社会で制定された共同体の法。内容は共有山利用・用水管理から、倹約・風俗取締り、盗み・博打《ばくち》の禁止、年間の休み日の設定など多岐にわたる。制裁も体系化され、追放刑を頂点に付合い禁止、身体刑・罰金刑などがあった。江戸時代を通じてしだいに領主法への依存を強めるが、共同体の秩序維持という原則は堅持された。

▼**長谷村**　大阪府豊能郡能勢町長谷。

▼**槻並**　兵庫県川辺郡猪名川《いながわ》町槻並。

▼**新堂村**　滋賀県東近江市五個《ごか》荘《しょう》新堂町。

▼**惣山**　村の共有山。

方式を採用し、その後、一六七七(延宝五)年、九九(元禄十二)年と繰り返し掟の再確認を行っている。他人分に鎌をいれれば盗人として刑罰米五斗、後継ぎがなければ村に没収、入山期間の設定など。しかし、掟の制定にもかかわらず、盗み刈りや過剰な利用は跡を断たなかった。

草肥取得条件のアンバランスを解消するために、領主が強制的に山利用組合を再編成することもあった。これまでに備前《びぜん》国岡山藩の事例が紹介されているが(磯田、二〇〇〇)、ここでは美作《みまさか》国津山《つやま》藩の場合を取り上げてみよう。第①章でも紹介した『美作一国鏡《いっこくかがみ》』は、一六七四〜七五(延宝二〜三)年に実施された施策について、つぎのように説明している。

国内村々の田畑肥やしのために柴草刈取入会山制度を定めた原因は、田畑の検地(慶長十三〈一六〇八〉年)に基づいた増額年貢問題に端を発している。増額年貢が多量であったため下々の百姓が種々様々に減免《げんめん》▲の嘆願を申し立てた。そのなかに肥やしの柴草がないのに高額年貢は負担できないという主張があった。藩ではこの意見は道理のあるもっともなことと判断し、長《なが》継《つぐ》公▲の時代、寛文九(一六六九)年より延宝元年の間、諸役人を村々に出張

▼**減免**　年貢を減額すること。

▼**長継公**　美作国津山藩主森長《なが》継《つぐ》。一六一〇〜九八年。森忠政《ただまさ》の娘の子。忠政を継いで藩主となり、城《じょう》下《か》町《まち》の拡張整備、山林調査、用水路の開削、耕地拡大、社寺再建など、藩政確立のための基本的施策を遂行した。隠居後森家が改《かい》易《えき》となったため、備中国西江原《にしえばら》に二万石をあたえられた。

させて山地を詳しく調査した。持ち山を公有地にする旨の請書《うけしょ》を村々から出させた後、延宝二年八月に入会を定める通達を出した。一村限りの入会、二・三ヵ村入会、数十ヵ村入会など、村山の広狭・肥草の有無など村柄を勘案して入会の配分を行い、同三年二月に完了した。(『岡山県史』二七)

肥料確保山のないことを理由とした増額年貢反対運動に対して、藩側はそれを了解し、藩領内村々の入会山の再配分を行ったというのである。同年三月には、

一、この度村々の御田畑肥やし芝草場入会を定めた。今後入会百姓は親睦を旨とし争論なく譲り合い伐採するように。ただし入会場はすべて無年貢地とする。

に始まる五カ条の山林条令を発する。

こうした施策に類似したものとして、水戸《みと》藩で行われた田地高に応じて山野を割りあてる分付山《ぶんづけやま》の制度や、新見《にいみ》藩における田畑と草取《くさとり》山の分離売買の禁止なども注目される(古島、一九七四など)。

厩肥と牛馬

第②章でもふれたように、草肥の一種に牛馬の製造する厩肥《きゅうひ》《うまやごえ》があった。草肥社会にかかわる重要なテーマの一つとして、少しだけふれておきたい。

牛馬のかかわる厩肥は、刈り草や藁《わら》と牛馬の糞尿をまぜあわせてつくられる。農書のなかにはこの厩肥の製造法について詳しく説明したものもある。十七世紀後半の三河《みかわ》地方で記された『百姓伝記』▲から抜粋する。

○百姓の馬屋を広く造り、湿気の少ないところを選んで深く掘って、敷草を多く入れて踏ませること。馬はつないでおいてはいけない。冬は寒くないように藁で外側を囲い、夏は涼しいようにして、馬屋に入れて飼うこと。百姓にとって肥料は第一に大切なものであるから、馬屋には十分な配慮をすること。武士の馬屋のように敷草をしばしば取り出すことは、糞尿が藁に浸み込まないので肥料とするにはよくない。

○馬に草を食わせることについて。一般的には五月から九月まで草を与えると決まっているが、農民は厩肥を作るために三月から十月まで草で飼う。そのうち六月、七月の草には悪渋《あくしぶ》が多く、厩肥にすると効き目がよい。三

▼『百姓伝記』　江戸時代前期の東海地方の農業を伝える。矢作《やはぎ》川流域の西三河地方にあって、武士の系譜を引く上層農民数人が共同でまとめた著作とされる。陰陽五《いんようご》行《ぎょう》説を農業に適用した最初の農書としても重要である。

月から五月までは若草なのであく《(灰汁)》が少ない。
○馬を藁で飼うのは十月から年を越して二月下旬までである。上等の藁を与える。虫がついたり蒸《む》れていたりする藁は、味が悪く、食べても馬がやせるし、厩肥にしてもよくない。
○まぐさ《(秣)》は朝露のあるうちに刈り取って馬に与えるとよい。日の出の後では草の質が悪くなって馬の害になり、肥料にしても効き目が少ない。(『日本農書全集』一六)

馬小屋のつくり方、敷草の踏ませ方、飼料としての草・藁などについて、細かい指示がなされている。武士とは飼い方も異なる。

近年、岡山藩領をフィールドに十七世紀の農業研究を進めた磯田道史は、草肥のなかでもとくに厩肥に着目し、この時期の経営を〝草肥・牛持・犂鍬《すきくわ》併用型の家族小経営〟と規定した(磯田、一九九六)。たしかに、近世農村社会には多数の牛馬が農耕用および厩肥製造用に飼育されており、農村世界は牛馬の臭《にお》いや鳴き声を抜きにしては語れない。たとえば一六六四(寛文四)年に会津《あいづ》藩領では三万六八二四戸の農家に二万六一二三匹の馬と五五一匹の牛が飼育されて

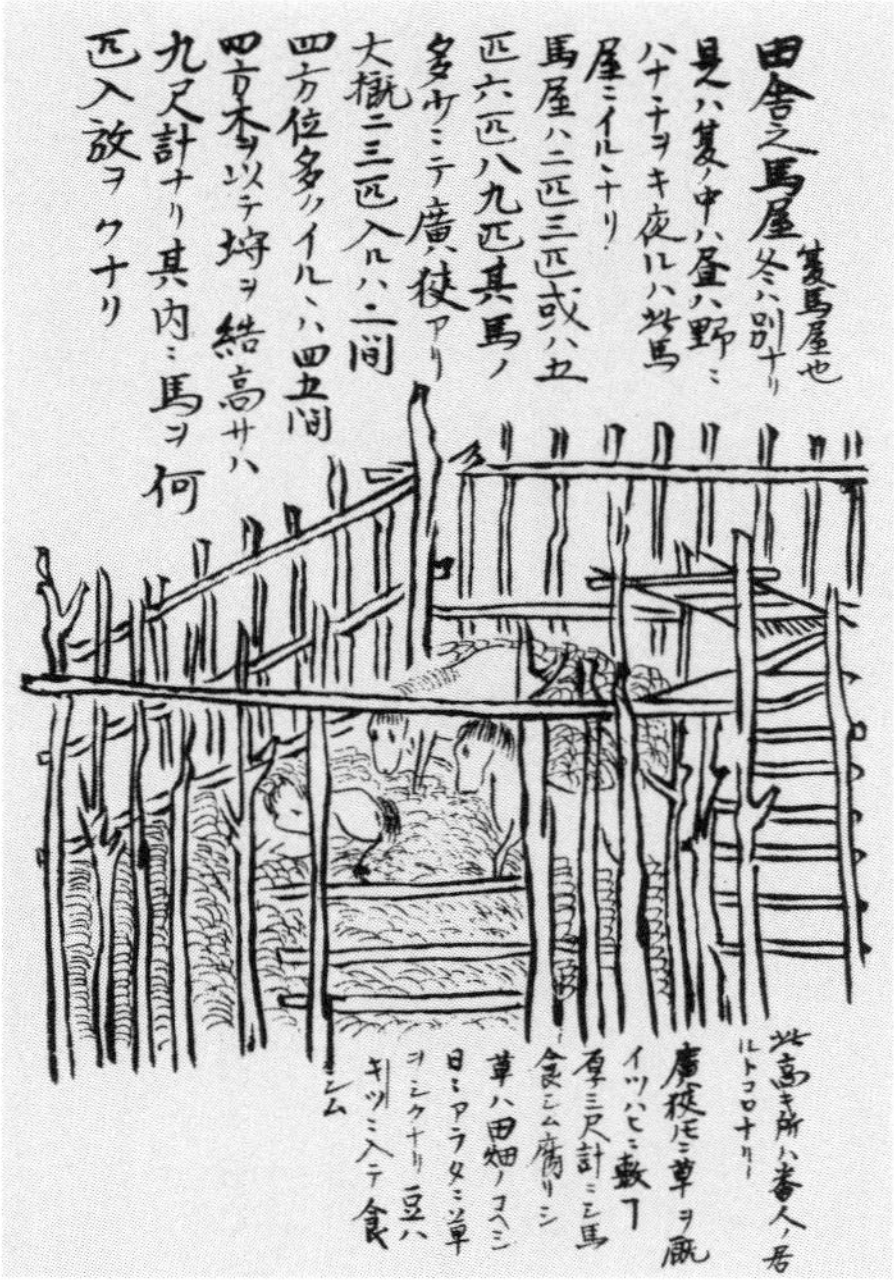

●——田舎の馬屋(『奥民図彙』)

●——馬の性別(信濃国佐久郡,1798〈寛政10〉年)

村　名	家数	男馬	女馬
上桜井	35	1	14
跡　部	64	4	21
原	51	8	16
鍛冶屋	39	3	8
下小田切	49	3	21
湯　原	89	5	27

『長野県史』近世史料編 2(1)による。

●——牛の性別(播磨国)

年　次	村　名	家数	男牛	女牛	
1737(元文2)年	神東郡多田	46	0	11	
37(元文2)年	同　西多田	47	0	14	男馬 1
42(寛保2)年	印南郡大塩	830	0	30	
40(元文5)年	飾東郡小川	118	0	29	
42(寛保2)年	同　山崎	97	0	46	
49(寛延2)年	同　八重畑	74	0	25	

『姫路市史』11上による。

おり、また一七〇二(元禄十五)年の相馬《そうま》藩では領内農家一万五二九二戸に一万六九二二匹の馬がいたという(古島、一九七五)。

このように、牛馬は人間社会と不可分であったにもかかわらず、牛馬の生態に関する研究はあまり進んでいないように見受けられる。ここでは、農耕牛馬の性別に関するデータを示し、牛馬研究に対する問題提起としておこう。

前ページ上表は一七九八(寛政十)年、信濃《しなの》国佐久《さく》郡地域の馬数と性別、また下表は十八世紀前半の播磨《はりま》国地域における牛数と性別について表示したものである。両表からみて、播磨国ではもっぱら牛が家畜として飼育され、信濃国は馬だったことがわかるが、なによりも目を引くのはその性別である。下表では、飼われる牛のすべてが女牛であり、また上表でも女馬が男馬をはるかに凌駕している。農村の主流は牝《めす》であった。

この点にかかわって、一八二六(文政《ぶんせい》九)年に信濃国伊那《いな》街道▲の宿場《しゅくば》町赤須《あかず》・上穂《うわぶ》町▲が訴えた伝馬《てんま》▲賃銭増額願のなかに興味深い一節がある。

私ども町方の儀は、当国第一位の高山である駒ケ嶽《こまがたけ》の根方にあり、通達の人《にん》数より多くの人馬を準備しないと運送業務が勤められません。しかし、

▼伊那街道　別名伊那往還《おうかん》・三州《しゅう》街道とも。また北に向かっては善光寺道・諏訪《すわ》道、南に向いては伊勢道・秋葉《あきは》道とも呼ばれた。塩尻《しおじり》市北方で北国西脇往還から分岐し、塩尻宿で中山道《なかせんどう》と交差、伊那谷を縦貫して三河《みかわ》国足助《あすけ》宿(愛知県豊田市)経由で岡崎《おかざき》にいたる。物資輸送が盛んで、中馬《ちゅうま》と呼ばれる馬背による物資輸送が盛んで、中馬道の名もある。

▼赤須・上穂町　長野県駒ケ根《こまがね》市赤穂《あかほ》ほか。

▼伝馬　旅行者や物資を宿継ぎで輸送するために、宿場に常備を義務づけられた馬。江戸時代には、広義には荷物運搬の人足《にんそく》も含んだ。伊那街道赤須・上穂宿は馬二疋・人足一六人の常備が義務づけられた。伝馬賃銭は公定の御定め賃銭によったが、将軍や老中《ろうじゅう》・道中奉行発行の証文をもった幕府関係荷物は無賃であった。

足《そく》は平生は農業にのみ携わる者共なので一人持ちの荷物も二人掛かりとなります。また、馬についても、御田地《おでんち》養いや秣《まぐさ》取り入れのために飼っている女馬なので柔弱で、本馬《ほんま》▲はもちろん、軽尻《からじり》▲であっても荷物を分割して運ばせるために、多くの失費となり難渋《なんじゅう》しています。（『長野県史』近世史料編四（一））

街道御用《かいどうごよう》のための伝馬人足の調達をめぐり、農村からの雇い人馬について述べたくだりである。「御田地養いや秣取り入れのために飼っている女馬なので柔弱」と記すところが注目される。ここにいう「御田地養い」とは肥料（厩肥）の意味である。農村では厩肥製造や秣運びなどの農作業用に女馬を飼っているというのである。これに先立つ一八一七（文化《ぶんか》十四）年の願書にも「未熟の人足・非力の女馬」という表現が散見される。

街道の荷物運搬に女馬が適さなかったことは、たとえば朝鮮通信使▲の通行に際して馬を提供した馬借《ばしゃく》▲の誓約書に、「弱馬、女馬、盲馬、悪馬などは決して提供しません」とあることなどからもうかがわれるところである（滋賀県教育委員会編、一九九四）。

▼**本馬**　宿場用の駄馬《だば》の一種で四〇貫（約一五〇キロ）の荷物を運ぶ。

▼**軽尻**　荷なしで人を乗せる駄馬。荷物のみのときは二〇貫まで積んだ。

▼**朝鮮通信使**　江戸時代に将軍の代替りなどに朝鮮王から派遣された使節。あわせて一二回来日した。

▼**馬借**　中世～近世、馬の背に荷物を乗せて運搬し、駄賃を稼ぐ運輸業者。

農村牛馬は、牝中心という性差を刻印づけられながら、草肥農業社会を支えていた。

山野と新開

ところで、開発が進むにつれ、草肥取得のための山野自体が開発のターゲットになり始めた。そこでは草肥取得と新田開発が直接的な矛盾関係となり、新しい社会問題の発生となる。

①この草山を新田に仰せつけられては、両村の牛馬の飼料、田地の肥やし、年中の焼柴《やきしば》(燃料)がなくなり迷惑。

②この場所は本田《ほんでん》の用水源であり、開発されては旱魃《かんばつ》の原因となる。

③河川への土砂流出の原因となる。(『山城町史』史料編)

これは一七〇二(元禄十五)年、山城《やましろ》国相楽《そうらく》郡綺田《かばた》・平尾《ひらお》▲両村が入会草山の開発計画に対して示した反対意見だが、これらは全国いずれの開発においても共通の論点であった。そして、多くの場合、筆頭に草肥問題があげられた。

農政担当の役人にとっても、新田と草肥との矛盾は悩ましい問題であった。

▼**綺田・平尾村**　京都府木津川市山城町綺田・平尾。

一七一八（享保《きょうほう》三）年から十数年のあいだ、幕府勘定奉行所《かんじょうぶぎょうしょ》▲の勘定吟味役《ぎんみやく》をつとめた辻六郎左衛門▲はつぎのように述懐する。

新田が出来ることはよいことである。しかし、近年新田になるような良い所はなくなってきた。（中略）六、七十年以前までに、次第次第に新田になるべき場所は残らず開発されてしまった。近年の新田は秣場を対象にしている。秣場は本田を養う肥やしや馬を飼う場所ゆえ、ここを新田としたのでは、本田は痩せ、馬を育てる障害ともなるので、近年の新田は好ましくない。（「辻六郎左衛門上書」『日本経済叢書』六）

すなわち、六、七十年前までに行われた新田開発についてはそれをよしとしながらも、近年の開発については、田地の肥やし確保や馬飼育の秣場を潰す悪しきものと批判するのである。この記述に先立つ六〇〜七〇年前とは十七世紀の半ばから後半に相当する。以後、開発と肥料問題は敵対的な矛盾関係になったというわけである。

こうした両者の矛盾激化のなかで、一七二二（享保七）年という年は幕府が開発路線にシフトした大きな転換点であった。幕府はこの年、江戸日本橋《にほんばし》に高札《こうさつ》▲

▼**幕府勘定奉行所**　おもに財政を主管する幕府機関。勘定奉行を長官とし、その下に勘定吟味役、勘定組頭《くみがしら》、勘定、支配勘定などがおかれた。幕府直轄領の支配・年貢収納のほか、鉱山・新田開発・河川や街道管理など、広域的問題もつかさどり、幕政《ばくせい》評議《ひょうぎ》にも加わった。

▼**辻六郎左衛門（守参《もりみつ》）**　？〜一七三八年。幕府の勘定奉行所役人。将軍吉宗《よしむね》の諮問《しもん》に答え、土地制度や税制の要点をまとめた「辻六郎左衛門上書《じょうしょ》」（「辻氏献可録」）を記す。

▼**高札**　法令を広く告知するために、墨書して辻や橋詰に立てられた板札。キリシタン禁制や忠孝、火付け禁令など各種あった。全国に著名な高札場として江戸日本橋・京都三条大橋・大坂高麗橋《こうらいばし》・奈良橋本町《はしもとまち》などがある。

を立て、新田開発の奨励に踏み切っている。そして、この路線を支えたのが紀州流▲の治水・開発土木技術と、草肥にかわる魚肥などの購入肥料（金肥）の普及であった（菊地、一九七七）。民政家田中丘隅《きゅうぐ》▲は、草肥農業から金肥農業への移行のようすをつぎのように述べる。

従来は田地を養う肥やしは、山野の広がる所はもっぱら秣を刈って田地の肥料としたので、土地土地の善し悪しは秣場を基準に判断した。それに対して近年は、次第に（秣場まで）開発し尽くして、草一本まで毛を抜くように大切にしても、年間に田地へ入れる秣を貯えかねる村々も出てきた。昔から秣の馬肥で耕作を済ませてきたが、だんだん金を出していろいろの肥やしを買う風潮となってきた。（中略）すべて一切の肥やしはみな干鰯《ほしか》▲をもって値段の基準としている。（『民間省要』『日本経済叢書』一）

かつては秣場の広狭・有無が村の格付けの基準であったのに対して、近年は金肥がそれにとってかわりつつあると記している。

田中の表現はかなりオーバーで、近世を通じて草肥農業が基調であったことは、農業史研究や農書類の語るところである。しかし、高価・速効性を特色と

▼**紀州流**　和歌山藩普請《ふしん》奉行の井沢為永《いざわためなが》によって考案された治水土木技術。河道の彎曲《わんきょく》、遊水地《ゆうすいち》や乗越え堤・霞堤《かすみてい》を特色とする関東流に対して、河道を直線的に改修して固定し、連続する堤防を築いて、流作地帯の年貢地化と遊水地の新田開発をはかった。

▼**田中丘隅**　一六六二～一七二九年。武蔵《むさし》国多摩《たま》郡の名主《なぬし》の子。各地を行商して見聞を広め、『民間《みんかん》省要《せいよう》』を著わす。将軍吉宗に献上して高い評価を受け、幕府勘定奉行所の役人となる。

▼**干鰯**　鰯《いわし》や鰊《にしん》・かずのこなどの油をしぼりとり乾燥させた魚肥。効力が強く運送しやすいため綿・菜種など多肥性の商品作物栽培に用いられた。江戸時代初めには九州物・北国物が中心だったが、やがて九十九里《くじゅうくり》浜《はま》産などの東国《とうごく》物が多くなり、幕末には松前《まつまえ》物が市場を独占した。製造された干鰯は

する金肥の普及は、草肥農業社会に対しても大きな影響力を及ぼすこととなった。

それは、大きくは地域間格差の増大と、村落内の階層格差の助長としてあらわれる。

①当国(信濃国)の儀は廻船《かいせん》がないので、干鰯そのほか何にても他国より田畑養い(肥料)を入手することができない。(中略)暖国と違い畑方に田方の養いを作ることが出来ず、田畑ともに一ト毛作り(一毛作)が多いので、田方養いは木草のほかはない(一七四三〈寛保《かんぽう》三〉年、『長野県史』近世史料編五(一))。

②中以上の者でなければ買い肥えなどすることができず、(下層の百姓は)もっぱら草や下木を採取して肥しとして農業を営んでいる(長門《ながと》国美祢《みね》郡赤《あか》村▲、『防長風土注進案』)。精力ある者は干鰯や油糟《あぶらかす》▲、糠《ぬか》などを用いるが、貧困な百姓は至って難渋している(周防《すおう》国都濃《つの》郡末武上《すえたけかみ》村▲、『同右』)。

③小百姓には貧窮人が多く、干鰯、干鯡《ほしにしん》、油糟などを始めとして高額な肥養を用いることができず、(中略)芝・青草を刈り採り来たりて埋め肥するに過ぎない。(中略)草肥を用いるのみにて、善良な糞培《ふんばい》を用いないため、大

浦賀《うらが》や江戸・大坂の干鰯問屋を通じて全国に売り捌《さば》かれ、最盛期の大坂では年間一三〇万俵の取引があった。

▼**赤村**　山口県美祢《みね》市美東《みとう》町赤。

▼**油糟**　干鰯とならぶ金肥の代表的肥料。菜種・綿実・大豆などの油脂作物から油をしぼりとったあとの糟。窒素分を多く含み、農作物の肥料や家畜の飼料に用いられた。

▼**末武上村**　山口県下松《くだまつ》市末武上。

▼佐藤信淵 一七六九〜一八五〇年。出《で》羽《わ》国雄《お》勝《かち》郡の農家にうまれる。江戸にでて蘭学《らんがく》・天文学などを学び、平田《ひらた》国学《こくがく》を基礎にしながら殖産興業《しょくさんこうぎょう》・航海通商・集権国家の必要を説く。

●──穴をあけて干鰯をほどこす
（大蔵永常『綿圃要務』）

方は熟成するといえども真の豊熟を得ることは稀である(佐藤信淵《のぶひろ》『巡察記』『綾部市史』史料編)。

①の信濃国では、舟運に不便なため購入肥料を用いることができないとし、②の長門国では、中層以上の百姓は金肥を用いるのに対して、貧窮百姓はその購入がむずかしく草肥に頼らざるをえないとしている。③は、一八四〇(天保十一)年に農政家佐藤信淵が丹波《たんば》国綾部《あやべ》藩に提出した献策書の一節である。ここでも草肥は金肥に劣り、真の豊熟をえられないと不評である。

このように金肥は地域間格差と村内の身分階層分化をともないながら地域社会・村社会に浸透し、〝先進地帯・上層農民＝金肥〟〝後進地帯・中下層農民＝草肥〟の組合せが、近世後期の肥料事情となる。豊かさの指標であった草肥は、しだいに貧しさの指標へと反転し、そのゆえに、近世後期から近代にかけて〝後進・中下層〟の草肥への過剰な依存もまた進行する。

⑤——土砂災害と土砂留

砂山・はげ山の景観

草肥確保のための自然改造は、土砂災害の原因ともなった。樹木を伐採して草山《くさやま》化された山々は、しばしば土砂を谷川に押し流し、中・下流域に水害をもたらし、大きな社会問題となった。終章として、本章では草山・柴山《しばやま》化が大きな要因となった山地の砂山・はげ山化のようすと、その対策としての土砂留《どしゃどめ》工事について概観する。

まず、史料から土砂流出や砂山・はげ山のようすを観察してみよう。

①城州《じょうしゅう》菱田《ひしだ》村▲はたくさんの山川が流入する在所でございます。川上は北稲八《きたいなやづ》間《ま》村・下狛《しもこま》村・菱田村三ヵ村立合の柴草山です。風雨の時分には土砂が流出します。もっとも公儀《こうぎ》▲より毎年杭《くい》・枷《かせ》工事の人夫《にんぷ》賃を下付され工事しておりますが、たびたび堤防が決壊し本田《ほんでん》へ土砂が入り荒地となって、次第に村が衰微してきています。(一六七七〈延宝《えんぽう》五〉年、『精華町史』史料編二)

②津高《つだか》郡栢谷《かいだに》村▲の苫田《とまだ》山は三年以前の洪水で大分崩れたため、横井《よこい》川へ土砂

▼菱田村　京都府相楽郡精華《せいか》町菱田。

▼公儀　江戸幕府や藩に対する呼称。ここでは木津《きづ》川堤防を管理する幕府をさす。

▼栢谷村　岡山市北区栢谷。

が流れ出し、近年川が埋まり迷惑しています。この山は栢谷・吉宗《よしむね》両村の入合山《いりあいやま》ですが、近年熊手《くまで》を入れ、草の根を掻き切るため、土砂が多く流れ出るように見受けられます。見分《けんぶん》のうえ熊手を入れないように仰せ付けられれば宜《よろ》しいかと存じます。（一七一〇〈宝永《ほうえい》七〉年、『日本山林史　保護林篇上』）

③木幡《こはた》村▲領山内の儀は、土砂が流出しないように立ち木、草、柴など一切（伐採しないように）申し合わせて土砂留めを行っています。しかし相手五《ご》ケ庄《かしょう》山の儀は草山なので年々土砂が流出し、川筋が埋まり、木幡村の用水井溝や土砂留めの柵、山林などまで押し流し、年々難儀に及んでいます。（一七三九〈元文《げんぶん》四〉年、『宇治市史』五）

①は山城《やましろ》国相楽《そうらく》郡菱田村など三カ村の入会《いりあい》柴草山から土砂が流出し、水害の原因となっていると記す。②は備前《びぜん》国津高郡横井上《よこいかみ》村▲の大庄屋《おおじょうや》が、草取得による土砂災害を訴えでた願書である。なお、この願書の裏面には藩からの指示として「来年から三年間、山利用を差し止めさせるように」と記されている。また、③は山城国宇治《うじ》郡木幡村と五ヶ庄村▲との水利争論文書の一節である。相手

▼木幡村　宇治市木幡。

▼横井上村　岡山市北区横井上・田益《たます》。

▼五ヶ庄村　宇治市五ケ庄。

五ヶ庄村の草山から年々土砂が流出して困るとしている。

　草山・柴山のはげ山化や土砂流出のようすは、絵図からもうかがうことができる。近世を通じて土砂流出が顕著であった山城国南部を流れる木《き》津《づ》川周辺のようすから探ってみたい。

　次ページ図は一六七〇～七一（寛文《かんぶん》十～十一）年ごろに描かれた山城国久世《くせ》郡▲付近の図（『城陽市史』第一巻）、また七九ページ図は一六八四（貞享《じょうきょう》元）年に作成された山城国相楽郡平尾《ひらお》村▲絵図（『山城町史』本文編）である。両絵図からこの地域の山野状態を観察すると、いずれも草山とはげ山から構成されていたことがみてとれる。七八ページ図では右上部分に「白川領はけ山」「久世寺田立相はけ山」とみえ、また「白川領山川筋砂出ル川」との注記もある。他方、七九ページ図では東部山間地域の中心部分がはげ山状態となっており、木津川に流入する一筋の山川とも「砂川」と記されている。とくに北側の北山《きたやま》川は川中に「田地ゟ《より》川床迄高サ拾間」と記され、この河川が天井川《てんじょうがわ》化しているようすを記録している▲。このように草山化された山々は、砂山・はげ山と紙一重であり、崩壊しやすくなった山地は土砂災害や堤防決壊などの大きな原因となっていた。

▶**山城国久世郡**　宇治市・城陽《じょうよう》市付近。

▶**平尾村**　京都府木津川市山城町平尾。

▶**山地荒廃**　七八ページ図に比べて七九ページ図の荒廃が顕著だが、これは当該地域が一億四〇〇〇万年ほど以前に堆積した崩壊しやすい花崗岩《かこうがん》質の土壌からなることによる。山地荒廃の状態には土質も深く関係している。

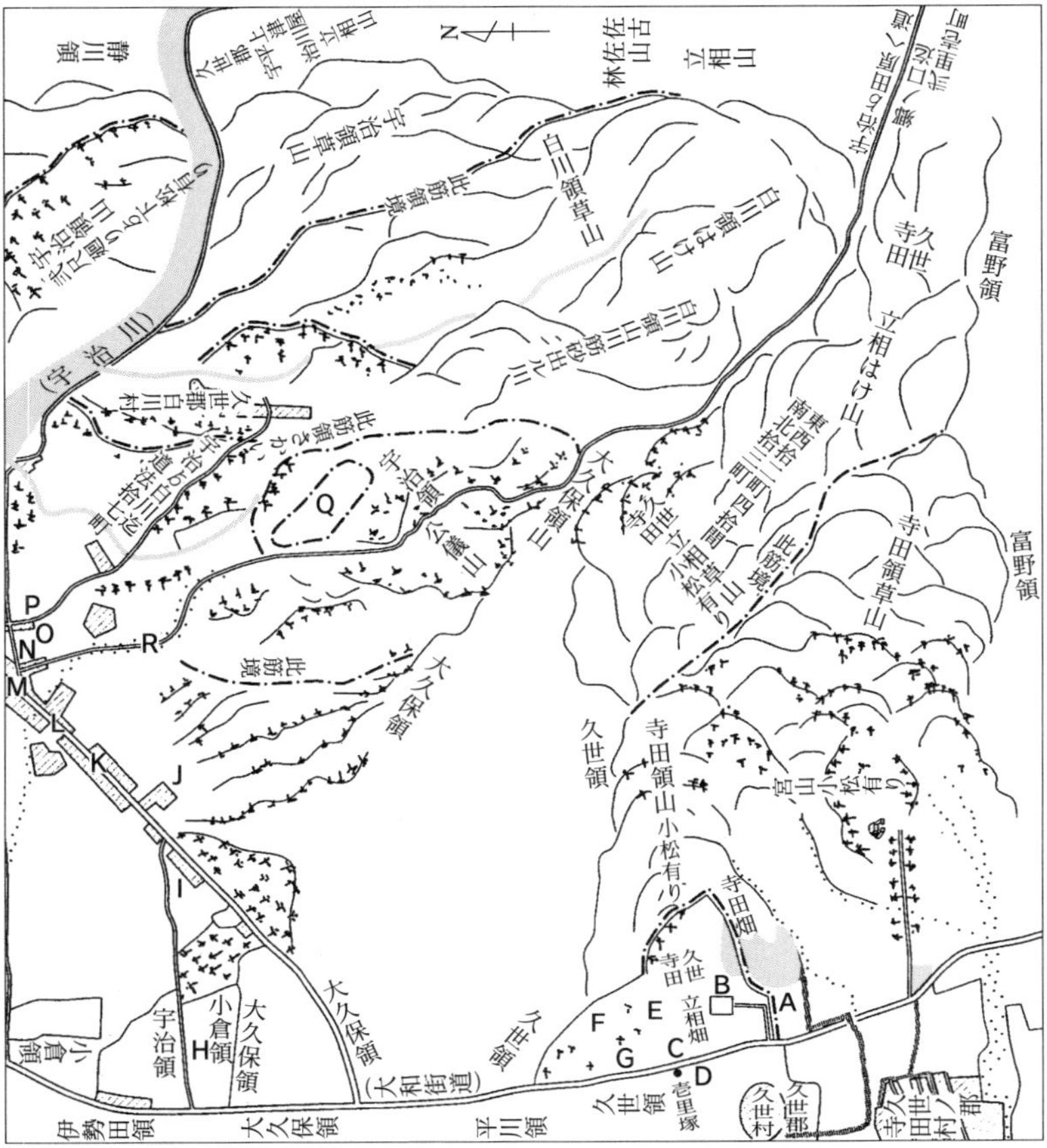

●──**上林代官支配村々絵図**（部分，地名などを表示した英字の注釈は略す。『城陽市史』第1巻による）

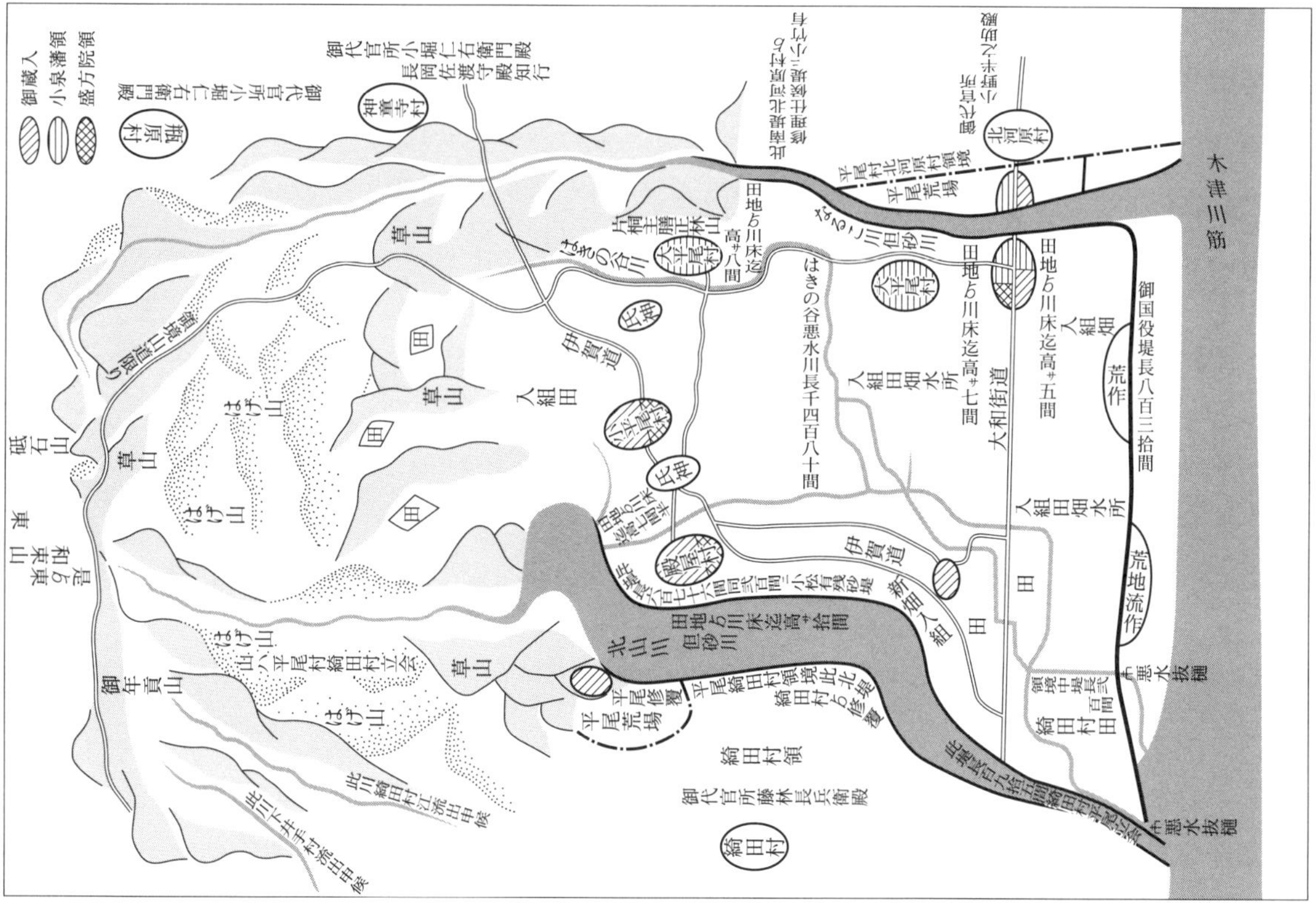

●—平尾村絵図（『山城町史』本文編による）

土砂留制度

草山・砂山に起因する土砂災害に対して、植林や砂防ダムの敷設など各種の工事が進められたことも近世の大きな特色であった。以下、幕府の肝煎《きもい》りで実施された淀《よど》川・大和《やまと》川水系の土砂留《どしゃどめ》制度について述べ、近世の砂防制度の事例紹介としてみたい(水本、一九八一・九三)。

さて、淀川(瀬田《せた》川・宇治川)・大和川流域の摂津《せっつ》・河内《かわち》・山城・大和・近江《おうみ》を対象とした畿内《きない》近国土砂留制度は、この地域の山間部からの土砂流出を防ぐために、一六八四(貞享元)年から始められ幕末まで存続した制度である。幕府は同年三月につぎのような三カ条からなる通達をだして、制度の立上げを命じた。▲

一、山城、大和、摂津、河内、近江の国の御料私領の山々の木草の根を、つぎつぎと掘り取るために、風雨の時分になると川筋へ土砂が流出し、水行の妨げとなっている。そこで自今以後は、木草の根を掘り取ることを堅く禁止する。

一、川筋左右の山方で木立のない所から土砂が流出するので、当春より木

▼**土砂留令**　貞享令に先行して、この地域を対象にした土砂留令が、一六六〇(万治《まんじ》三)年を初見として数度にわたってだされている。なかでも一六六六(寛文六)年令は、「諸国山川掟」の題名によってよく知られる。貞享令はこれらの集大成ともいうべきものである。

●——**大坂町奉行所経由の貞享令**
(河澄家文書)

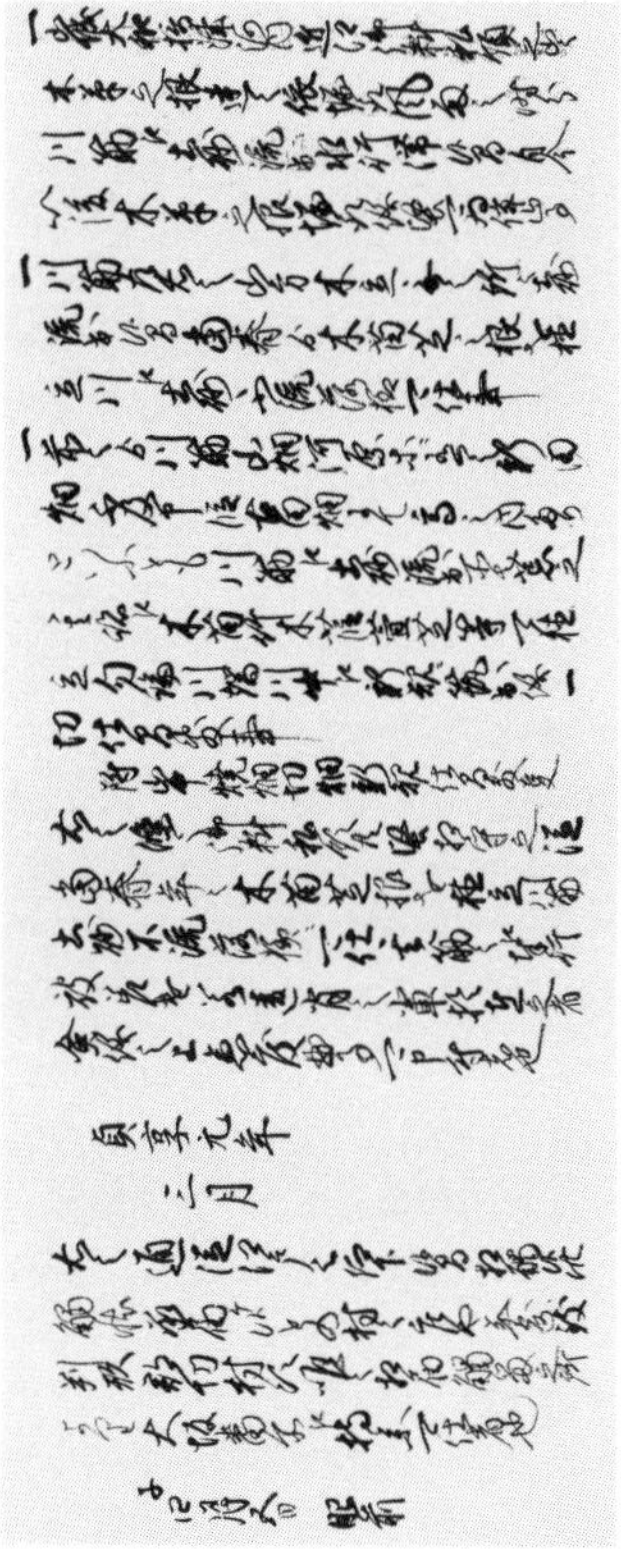

苗や芝の根を植え立て、川へ土砂が流れ落ちない様にすること。

一、前々から川筋や山畑・河原などにある新田畑は言うまでもなく、たとえ古田畑で石高《こくだか》が付けられている田畑であっても、川筋へ土砂が流出する所はこれを廃棄し、その跡へ木苗、竹木、葭《よし》、萱《かや》、芝などを植え付けよ。勿論《もちろん》、川端や川中へ新規に造成することは一切禁止する。

付則、山中の焼畑、切畑も新規にしないように。

右の条々について御料私領ともに堅く守り、今春より木苗や芝根を植え付け、川筋へ土砂が流出しないようにせよ。その筋々へ奉行を派遣し、違反するものがいた場合は、取り調べの上、きっと処罰するものである。

（『御触書寛保集成』一三三五号）

すなわち、山城〜近江の国々の山間部で木や草の根が盛んに掘りとられ、土砂流出の結果、河川の水行の妨げとなっているとして、今後は木草の根の掘りとり禁止、土砂流出箇所への植林・芝伏せなどを命じたのであった。とくに第三条では、石高が算出された古くからの田畑であっても、土砂流出の箇所については廃棄して植林するようにと、かなり強い決意で臨んだことがうかがわれ

る。そのうえで、右の通達は、関係地域へ奉行を遣わし違反者については処罰するようにと結んでいる。▲

奉行巡回についての具体的指示は、土砂留担当に任命された畿内近国一一人の大名《だいみょう》宛てに、同年八月に通達された。大名は「領内および近辺の御料私領を対象に、年に二〜三回家来を巡回させ、油断なく砂防林を仕立てさせるように。山割り(担当区域)および奉行人の業務については幕府勘定頭中に問い合せるように」(『御触書寛保集成』一三三六号)との命令であった。

担当大名を統括する上級役所としては、当初は京都町奉行所《まちぶぎょうしょ》▲があてられ、五年後の一六八九(元禄《げんろく》二)年からは、土砂流出の顕著な摂津・河内両国については大坂町奉行所▲が管轄することになった。担当大名および担当郡についても、若干の加除や組替えがあり、元禄中ごろから安定的に機能するに至る。一七〇一(元禄十四)年ごろの担当大名・担当郡を表示すれば次ページ上表のとおりである。

土砂留役を命じられた大名家臣は、おおむね年に二回、分担郡を巡回して土砂流出箇所の点検や普請の指示を行い、これを町奉行所に報告した。たとえば

▼**土砂流出の要因**　従来、この法令発令の原因として、灯火用樹根の掘取り、新田開発、都市用建材の乱伐などがあげられてきたが、全国的な草山・柴山景観からみて、草肥確保のための山野改造が主要因と考えられる。

▼**京都町奉行所**　江戸幕府の遠《おん》国《ごく》奉行の一つ。一六六八(寛文八)年に成立。東西それぞれに町奉行一人・与力二〇騎・同心《どうしん》五〇人を配した。京都の町方支配に加え、五畿内および周辺諸国の支配違い裁判や上方《かみがた》代官の統轄など大きな権限をもった。

▼**大坂町奉行所**　江戸幕府の遠国奉行の一つ。一六一九(元和《げんな》五)年大坂の幕府直轄化にともなって設置。東西に分かれ、各町奉行一人、与力三〇騎、同心五〇人で編成された。大坂市中や兵庫・西宮《にしのみや》の民政全般を管掌した。中期からは摂津・河内・和泉・播磨国内の徴税や裁判も扱った。

●――1701(元禄14)年ごろの土砂留担当大名・担当郡

(京)	膳所藩	近江・滋賀郡，栗太郡
(大)	〃	河内・古市郡，石川郡
(京)	淀　藩	近江・栗太郡(膳所藩と共同)
(京)	〃	山城・綴喜郡，久世郡，宇治郡，紀伊郡
(大)	〃	河内・交野郡
(京)	藤堂藩	山城・相楽郡
(京)	〃	大和・添上郡，式上郡，式下郡，山辺郡，広瀬郡，十市郡
(京)	郡山藩	大和・添下郡，平群郡，葛下郡
(大)	〃	河内・大県郡，安宿部郡
(京)	高取藩	大和・高市郡，忍海郡，葛上郡
(京)	高槻藩	山城・乙訓郡
(大)	〃	摂津・嶋上郡，嶋下郡，豊島郡(文化6年より)
(大)	〃	河内・茨田郡，讃良郡
(大)	尼崎藩	摂津・川辺郡，有馬郡，武庫郡(これら3郡は享保11年より)
(大)	〃	摂津・菟原郡(寛延3年より)
(大)	岸和田藩	河内・河内郡，高安郡，丹南郡，錦部郡

(京)は京都町奉行所管轄，(大)は大坂町奉行所管轄，「大坂川方役手控」(京都大学日本史学研究室架蔵)ほかによる。

●――侍の来村

1729(享保14)．3／16	土砂留奉行斎藤甚左衛門，本村通行。
3／24	田村清蔵ほか2人(沼田藩大坂蔵屋敷役人)野崎参りのついでに自分(長右衛門)宅へ立ち寄る。
4／5	田村清蔵内儀，吉田助左衛門(同上)姉，野崎参りのついでに，足軽・若党とともに自分宅へ立ち寄る。
6／26～27	土砂留奉行多川彦右衛門一行11人来村，自分宅泊。
閏9／5	土砂留役人斎藤甚左衛門，本村通行。
閏9／8～9	検見衆吉田助左衛門ら11人，自分宅泊。
1730(享保15)．1／21	本田与八郎ほか2人(大坂蔵屋敷役人)，年礼に来村。
9／22～23	検見役人衆吉田助左衛門ら11人来村，作兵衛(庄屋)方に泊。
10／5	土砂留役人斎藤甚左衛門・中茂兵衛来村。(この年，日記記述は10／29まで)

「日下村庄屋日記」による。

河内国河内郡日下《くさか》村▲では、一七二九(享保《きょうほう》十四)年には三月、六月、閏九月の三回、また三〇(同十五)年には十月に一回、同郡担当の和泉《いずみ》国岸和田《きしわだ》藩の土砂留奉行▲が来村している(前ページ下表参照)。このほか、大坂町奉行所の担当与力《よりき》や町奉行自身が巡回することもあった。

土砂留の工法

土砂留奉行は来村にあたり廻状《かいじょう》をまわしたうえで到来した。山城国久世郡寺《てら》田《だ》村▲庄屋が書きとめた一六九七(元禄十)年三月の通達を例示してみる。

きっと申し遣わす。天気が晴れれば、当月二十八日より砂留《すなどめ》場見分のために、石川治部右衛門《じぶえもん》、多山弥一左衛門《たやまやいちざえもん》が巡回する。土砂流出箇所があれば砂留めをするようにかねて申し付けているので、油断はないと思うが、もし粗雑であれば吟味のうえ処分する。念のために記し置く。この廻状は触れ止まりの村で保管し、奉行巡回の折りに返却すること。(『城陽市史』一)

山城国久世郡は淀《よど》藩の担当で、石川・多山は淀藩土砂留奉行である。同藩では土砂留を砂留と呼んだ。

▼日下村　東大阪市日下町。

▼土砂留奉行　土砂留管理を命じられた大名の家来で、土砂留工事の指揮・点検を行った侍。土砂留役人、砂留奉行、土砂留役などとも呼ばれた。土木工事や河川管理に長じた侍があてられることが多かった。高槻《たかつき》藩土砂留役の辞令には、この役は「公辺《こうへん》」(幕府)にも関係する重要な役目であるから念入りに務めるようにと指示している(三島家文書)。

▼寺田村　城陽市寺田。

廻状中にもある砂留の工事には、各種の工法があった。八六〜八七ページ表・図は『日本砂防史』が紹介する近世の土砂留のおもな工法である。芝や松を植えつける筋芝留《すじしばどめ》・飛松留《とびまつどめ》から川中に蛇籠《じゃかご》を敷設する蛇籠留まで各種あった。右の山城国久世郡地域では、このほか土木留《どぼくどめ》、杭留《くいどめ》、水請留《みずうけどめ》、腰巻《こしまき》などと呼ばれる工法も用いられている。腰巻とはどのようなものか判然としないが、松葉と蛇籠でつくるという。はげ山で著名な近江国栗《くり》太《た》郡田上《たなかみ》山地▲の土砂留は、膳《ぜ》所《ぜ》藩土砂留奉行の記録によれば杭《くい》木《ぎ》芝留と石垣設置が中心であった(「江州《ごう》滋賀郡栗太郡土砂留御普請所箇所控」)。地域や対象によって工法もいろいろであった。

現在の京都府八幡《やわた》市から京田辺《きょうたなべ》市にまたがる美濃山《みのやま》一帯も柴草の刈り取り場であったが、近世後期には激しく荒廃し、木津川支流の大谷《おおたに》川に大量の土砂が流出していた。この地を共有する綴喜《つづき》郡内里《うちさと》、岩田《いわた》、戸津《とうづ》、松井《まつい》四カ村が一七九〇〜九一(寛政《かんせい》二〜三)年に記した届書によれば、ここにも土砂留ダムが設置され、はげ山箇所に対して植林が盛んに行われたようすがうかがえる。

①字《あざ》美濃山

一、大谷川土砂留場　河州《かしゅう》より八幡境あたりまでおよそ長さ三十八丁ほど。

▼**田上山地**　大津《おおつ》市田上・上田上の大戸《だいど》川流域の山間部。当該山地の荒廃については、従来、古代の奈良・京都の社寺宮殿造営のための森林伐採によるとされてきたが、千葉徳爾はこれを否定し、灯火用樹根、牛馬飼料、緑肥・堆肥用草木採取、燃料・建物補修などのための竹木伐採などによるとしている(千葉、一九九一)。

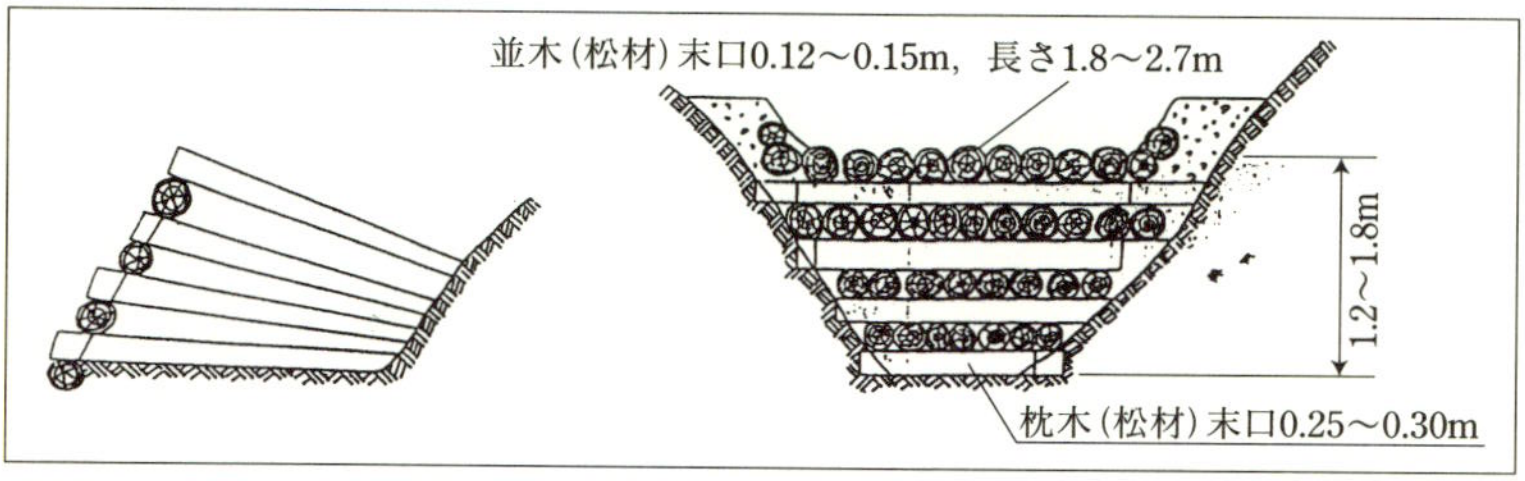

鎧　留

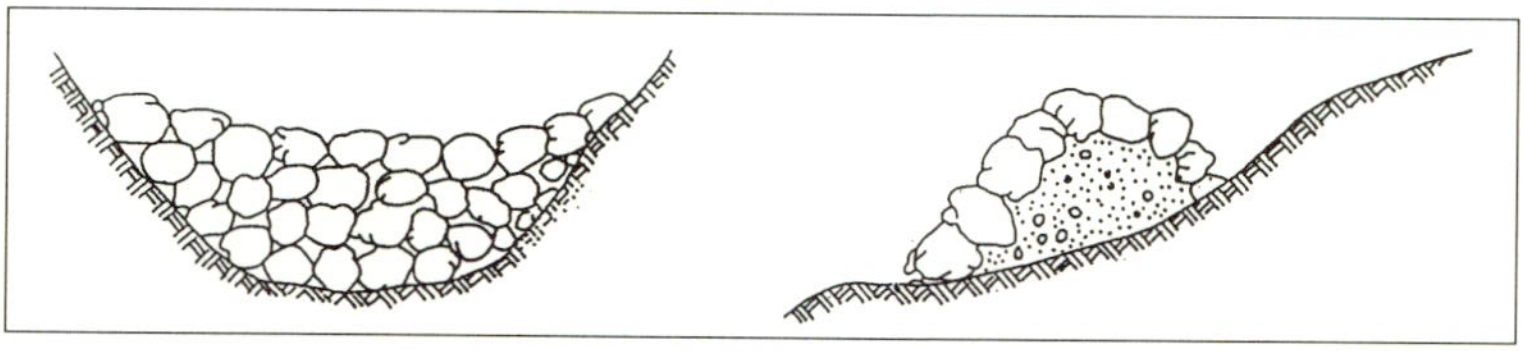

石垣留

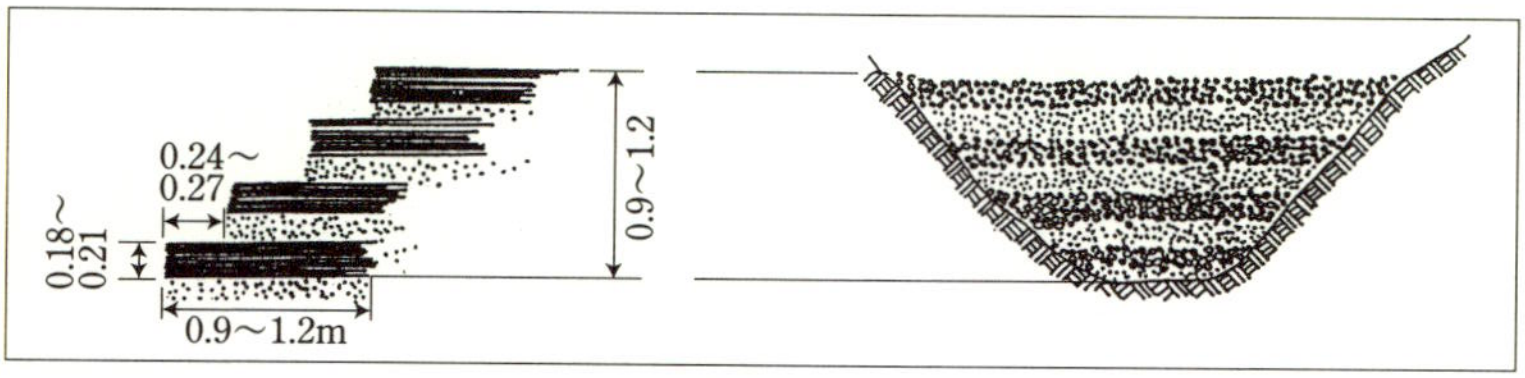

逆松留

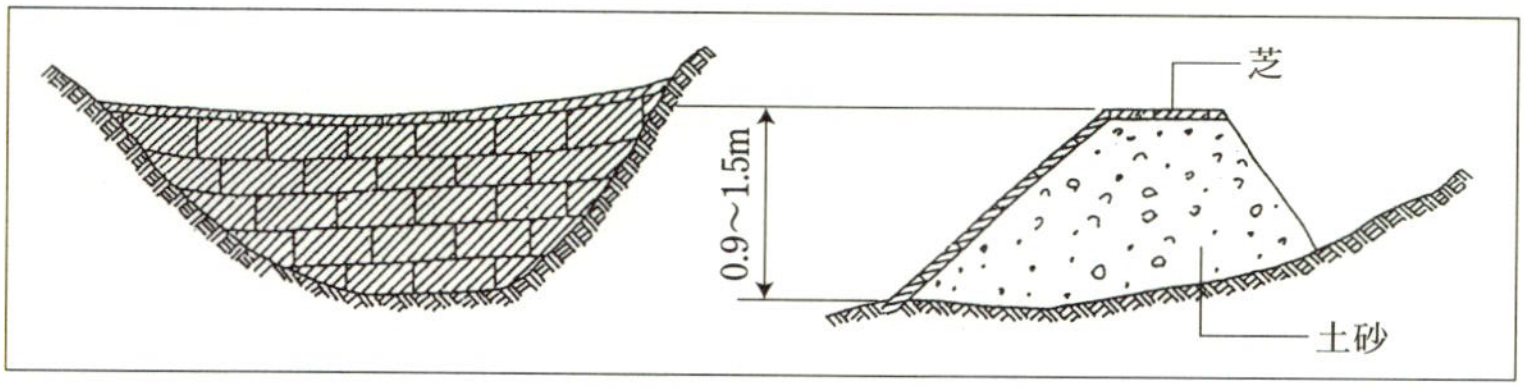

簗　留

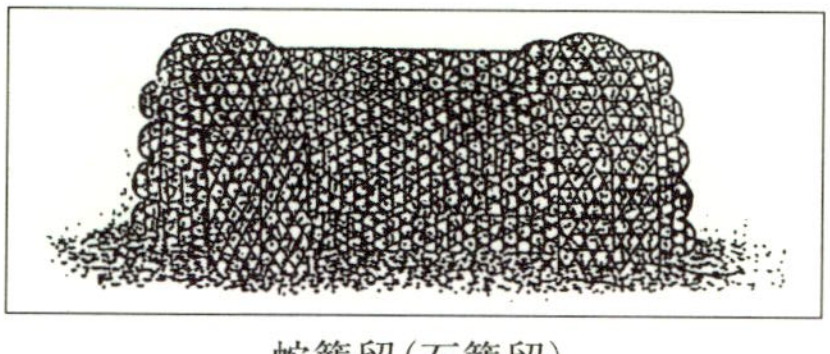

蛇籠留（石籠留）

●――土砂留工法のいろいろ（同左による）

●――江戸時代の砂防工法

筋芝留	禿山を80 cm 間隔に水平に掘り起こし，これに切り芝をならべ土砂で芝のあいだをふさぐ(現在の筋芝工)。
飛松留	山腹に上下左右に80 cm を隔てて植穴を掘り，これに１ｍぐらいの小マツを植えつける。
杭柵留	山腹に小杭を打ち，割タケあるいは粗朶《そだ》で柵を編む(現在の杭打柵工)。
鎧　留	渓間に直径30 cm ぐらいのマツ丸太を横にして枕木とし，その上に末口２cmぐらいのマツの小丸太をならべ数層に仕上げ，最上部にマツ丸太を横にすえて裏面に粘土を詰め左右に土堤を設ける。
石垣留	小谷筋に径30 cm 以上のマツ丸太を横にしき，その上に石垣を積み高さ２～2.5ｍに仕上げ，裏に１ｍの裏栗石《くりいし》をいれ，これに粘土をまぜてよく突固めをする。
逆松留	山腹または山脚に長さ１ｍぐらいのマツ粗朶を梢を内側，根本を外側にして厚さ３～４cmに配列し，小口３ｍぐらいだして土砂で埋め，これを数層積み重ねて80 cmぐらいの高さに積みあげる。
築　留	小谷筋で日頃水のない渓間を横断して土砂で高さ１～２ｍの土堤を築き，その表面に芝を張る。
石　堰	割石を積みあげ，内部は粘土で突き固めて堤形をなす。
蛇籠留	石籠留ともいう。石礫の流れる川に用いる。径70 cm，長さ４ｍのタケ蛇籠をつくり内部に詰石をして杭でとめて堰とする。

全国治水砂防協会編 1981による。

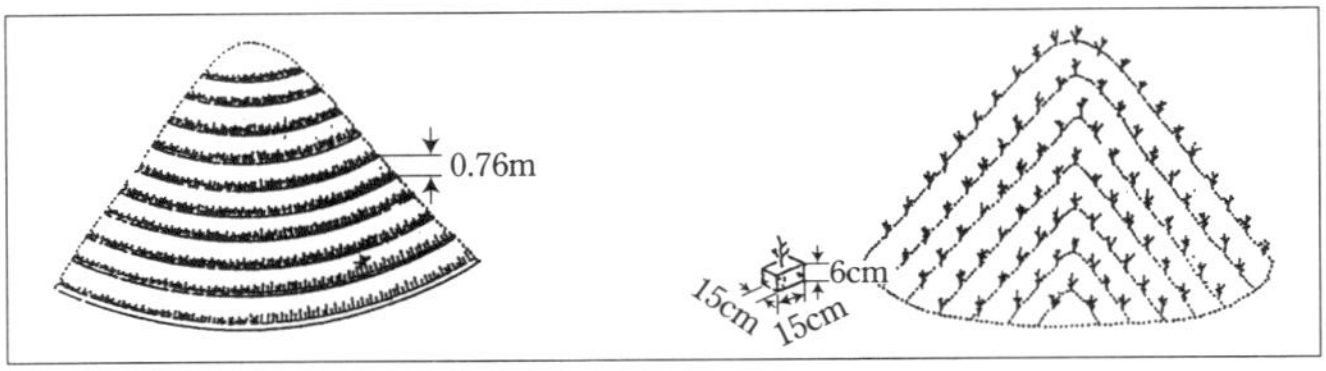

筋芝植込(左)と飛松留(右)

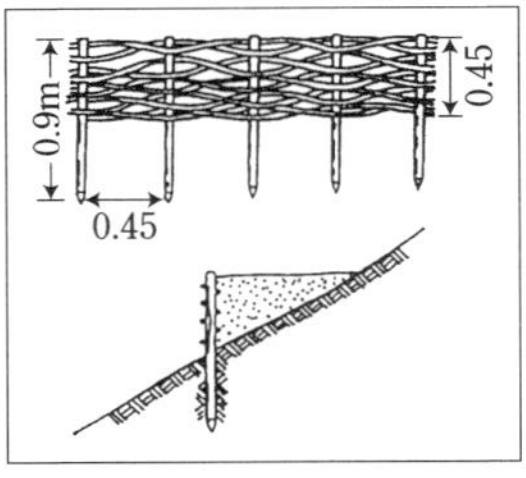

杭柵留

ここには横留を二十八箇所設置しています。以前より杭柵で作ってきましたが、八年前から土木留にしました。右の所の以外にも、横留や杭、柵、根巻《ねまき》、芝伏《しばふせ》を行っています。（森島家文書）

②大谷川　小松苗　三千百本。雑木　三十本。雑木種蒔き付け三俵。柳　十二束さし木。梔《くちなし》　五束さし木。株芝《かぶしば》　三百株。捨藁《すてわら》　百束。（島田家文書）

①は一七九〇年に畿内土砂留場見分に幕府から派遣された幕府普請役秋月源三郎への提出書類の一節であり、②は翌年に淀《よど》藩砂留奉行に提出した植林報告の一部である。工事に力をいれているようすが具体的にわかる。

奉行・担当大名・個別領主

ところで、この畿内近国土砂留制度は、幕藩体制の支配の仕組みのうえでも興味深い特色をもっていた。それは、さきの八三ページ下表からも明らかである。この日下村は一七二九～三〇（享保十四～十五）年当時は上野《こうずけ》国沼田《ぬまた》藩の領地で、大坂蔵屋敷《くらやしき》に派遣された同藩の侍が年貢徴収や村管理を行っており、土砂留担当の岸和田藩とはまったく関係がなかった。にもかかわらずこの制度の実施によって、日下村を含む河内郡は岸和田藩担当となり(当初は大和小泉《こいずみ》藩が担当)、岸和田藩士砂留奉行の恒常的な到来・巡回となった。本書の主題からは少しはずれるが、防災制度がもたらした新しい仕組みという意味で、本制度の特色についてふれておきたい。

九一ページ表は、制度開始当初に対象となった摂津・河内国郡々と担当大名の自領との関係を示したものである。両者の関係がもっとも深い永井《ながい》伊賀守《いがのかみ》の担当郡でも、永井氏の自領率は三一%余にとどまっている。岡部氏や松平氏にいたっては担当郡内に自領は一カ村も存在しないというありさまであった。

京都・大坂を中心とした地域は、近世、中小の領主の領地がいりまじった錯綜区域であったから、広域行政を推進する場合、行政区画と個々の領主の領地とのあいだにズレが生じることはありうることであった。しかし、この制度によって、多くの村々に他大名の侍が恒常的に来村することになり、また土砂留にかかわる諸問題については個々の領主の領主権が著しく侵害されることになった。〝幕府―個別領主―領民〟の構造が、〝幕府―土砂留大名―(個別領主)―領

▼小野原村　箕面《みのお》市小野原。

民〟へと変化したのである。

一例として武蔵《むさし》国忍《おし》藩阿部《あべ》氏の領地であった摂津国島下《しましも》郡小野原《おのはら》村▲の事例を示してみよう。同村は一七五〇（寛延《かんえん》三）年に干害を解消するための新溜め池の造成を企図したが、その計画は自領主阿部氏のみならず、島下郡土砂留を担当する高槻《たかつき》藩土砂留奉行の認可を必要とした。溜め池予定地に土砂留工事場があり、かつ池床《いけどこ》代替地を土砂留山内に予定していたからである。領主阿部氏は自領内での開発に対して、独占的な領主権を行使することができず、土砂留奉行にその一部を握られたことになる。このように広域砂防制度は、その実施の過程で個別の領主権を制約・侵害し、土砂留担当大名の権限を強めていく。

なお、こうした仕組みをさらに変更する改革が、その後十八世紀後半に実施された。今度は土砂留担当大名の権限を制限し、幕府の出先機関である京都・大坂町奉行所に直轄管理させる体制への転回である。その出発点となる一七七五（安永《あんえい》四）年の大坂町奉行の申渡しでは、新規普請の町奉行所への直接申請や、土砂留関係争論に際しての町奉行所への直接出訴などが命じられている。また一七九一（寛政三）年には機構や手続きの改革も行われ、町奉行所内に専管職を

●——摂河土砂留担当大名の担当郡内自領村数とその割合(1684〈貞享元〉年)

担当大名	全村数	自領村数	割合
永井日向守	村 250	村 65	% 26.0
高木大学	84	23	27.4
本多隠岐守	48	2	4.0
渡辺半次郎	32	8	25.0
片桐主膳正	39	1	2.6
永井伊賀守	139	44	31.7
岡部内膳正	145	0	0
松平日向守	15	0	0

自領村数には複数領主村を含む。水本1987による。

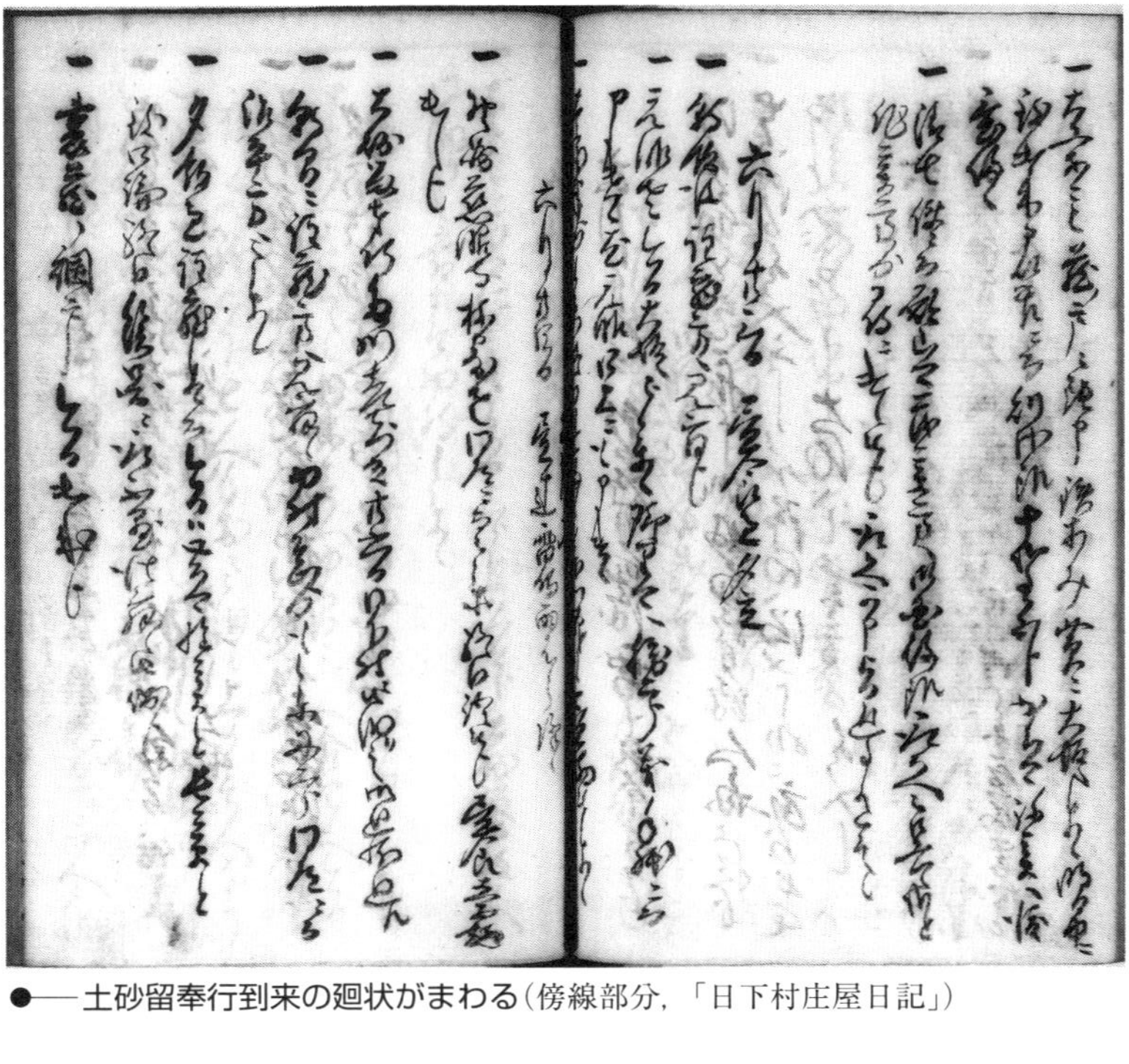

●——土砂留奉行到来の廻状がまわる(傍線部分，「日下村庄屋日記」)

常置し、土砂留奉行に対する普請帳簿提出を義務づけ、普請点検のため町奉行所役人が巡見することなども定められた。並行してこの時期に、大名土砂留奉行に対する粛正▲が進行したことと照らしあわせると、一連の改革は、地元と癒着し機能しなくなった制度の活性化をはかったものと推測される。十七世紀後半に、個別領主権を侵害する形で確立された土砂留制度は、この段階にいたって担当大名の権限縮小へと転じ、以後、幕府(町奉行所)主導による中央集権的な砂防行政が推進されることになる。

土砂留の功罪

山間部からの土砂流出を防ぐための土砂留制度は、社会に対してプラスとマイナスの結果をもたらした。

プラス面は、もちろん土砂留工事による土砂流出の減少である。たとえば一七二六(享保十一)年から制度の対象となった武庫《むこ》川上流の摂津国川辺《かわべ》郡長谷《ながたに》山《やま》▲地域(担当は尼崎《あまがさき》藩)を例にとると、ここでは一七三五(享保二十)年時点で六二カ所の工事指定箇所があった。しかし、一七四四(延享元《えんきょうがん》)年には六カ所が工事

▼土砂留奉行の粛正　たとえば、一七九二(寛政四)年には、淀《よど》藩砂留奉行が星田《ほしだ》村から賄賂を受け取ったとして、奉行三人は一三カ国所払い、星田村村役人は退役・科《か》料《りょう》五貫文を科せられた(『枚方市史』九)。

▼長谷山　兵庫県宝塚《たからづか》市長谷。

完了となり、以後五〇(寛延三)年一カ所、五二(宝暦《ほうれき》二)年二カ所、五六(同六)年二一カ所、六二(同十二)年四カ所と、つぎつぎに工事が完了し土砂留指定解除となっている(『宝塚市史』二・五)。

また、土砂流出の著しかった山城国相楽郡上狛《かみこま》村▲付近においても、一七二二(享保七)年には、

砂留をきびしく仰せ付けられ、木苗を植え付け砂留をしてきましたので、谷々にも樹木が生い茂り、兀所《はげしょ》からも次第に土砂も出なくなってきました。しかし、大雨洪水の時には山が崩れまた川岸が崩れ落ち、あるいは田畑崩れを防ぎがたく、時々は土砂が流れ出ております。(『山城町史』史料編)

という状況であった。いまだ大雨・洪水には対応できないものの、谷々への植林の成果が徐々にあらわれているさまがうかがわれる。

しかし、土砂災害を防止する土砂留工事の進展は、新しい社会問題をもたらすことになった。地元への土砂留工事費の賦課や、草肥取得阻害、獣害の発生などである。

①武庫川土砂留を五年以前午《うま》年初めて仰せ付けられ、(中略)上下十七人ずつ

▼上狛村　京都府木津川市山城町上狛。

が度々山々谷々を御見分の上、御普請所《ごふしんしょ》九拾八ヵ所を仰せ付けられ、毎年三度ずつ御廻りになっております。（中略）もっとも御賄代《おまかないだい》として少しの金額を下されますが、大分の人足など出費が多くて難儀しています。（一七三〇〈享保十五〉年、『西宮市史』五）

②城州乙訓《おとくに》郡浄土谷《じょうどだに》村▲領の字柳谷《やなぎだに》の事ですが、ここは以前から神足《こうたり》村▲の請山《うけやま》でした。（中略）ところが、右の山内《さんない》に二十一年以前の辰《たつ》年に高槻土砂留役人の差図で、神足村より松苗を植え置きましたところ、只今殊《こと》の外《ほか》に茂ったため、草柴が生えず、薪や牛馬の飼料ならびに田地養いの草が不足して迷惑しています。（一六九八〈元禄十一〉年、『長岡京市史』史料編三）

③城州綴喜《つづき》郡・久世郡七ヶ村の砂留山に樹木が茂り、そのため猪や鹿が大分に発生し（中略）頻繁に作物を荒らし迷惑至極でございます。そこで、恐れながらこの度これらの捕獲のため鉄砲使用を御赦免いただければ有り難く存じます。（一七〇四〈元禄十七〉年、『城陽市史』四）

史料①は、摂津国有馬《ありま》郡生瀬《なまぜ》村▲の明細帳《めいさいちょう》に記された一節である。畿内近国土砂留制度に基づく砂防工事は、全体として関係地域住民による費用負担を原則

▼浄土谷村　長岡京《ながおかきょう》市浄土谷。
▼神足村　長岡京市神足。
▼生瀬村　兵庫県西宮《にしのみや》市生瀬町ほか。

としていた。そのため、土砂留役人の接待をはじめ土砂留工事に要する各種負担が地元村々にかかり、難渋を訴える住民の行政訴訟が頻発することになったのである。

②③は、土砂留工事の進捗《しんちょく》にともない発生したあらたな難問である。②は山城国乙訓郡神足村と浄土谷村との山論に際しての史料であるが、土砂留奉行の指図で植林をした結果、燃料・牛馬の飼料・田地養いの草取得に支障をきたすことになったとしている。また③では、土砂留工事の結果木々の生いしげった山内に猪や鹿が生息するようになり、作物荒らしなどの獣害が発生しているようすが記されている(上図参照)。

なお、②の草肥取得への障害に関連して、土砂留による山利用制限が、村々への干鰯や油糟などの金肥導入の一要因となったことにも注目しておきたい。たとえば、近江国蒲生《がもう》郡石寺《いしでら》村▲は、一七二九(享保十四)年の明細帳でつぎのように述べている。

田畑肥やしについては野山の草芝もないので、例年一反について二十五匁から三十匁程度の割合で、大坂から到来する干鰯《ほしか》を買い整えて田作りをし

●猪を撃つ(『絵本士農工商』)

▼石寺村　滋賀県近江《おうみ》八幡《はちまん》市安《あ》土《づち》町石寺。

ております。（『安土町史』史料編二）

「野山の草芝もないので」というけれども、同村は、北に観音寺《かんのんじ》山、東に箕作《みつくり》山と山地にめぐまれた立地条件にあった。しかし、これらの山々は、多数の土砂留工事を要するはげ山状態にあったのである。近世中・後期に普及する金肥には、前章でふれた新田開発とならび、土砂留にともなう草肥減少の補塡《ほてん》・代替という導入要因もあった。

土砂災害の大きな原因が、草肥取得という近世農民の生業《なりわい》にかかわっていた以上、災害防止策は逆に生業に対する阻害的施策ともなったのである。

自然と人類史の相関構造

　春先に頻発した山火事や山野のようすを手がかりに、近世の自然と人間社会との関わりについて探った。この社会は、前代以来の伝統を継承しながら、草肥を主要な肥料とする農業活動を営んでおり、大量の草や柴を必要としていた。その供給地が身近な里山《さとやま》であった。人びとは、山焼きや樹木伐採など山野に働きかけて木山への遷移を押しとどめ、草山《くさやま》・柴山《しばやま》として循環するように圧力をかけ続けていた。全国どこでもみられた草山・柴山状態は、人間による山野大改造の結果であった。

　草肥の需要にともなって村共同体を基礎単位とした山争いがしばしば起こり、また共同体内部での掟《おきて》づくりも進められた。安定的な年貢確保をねらった領主の山野再配分政策も実施された。他方、そのゆえに、草山化による土砂流出や山火事などの災害も頻繁に生じていた。

土砂災害に対処するため、領主権力主導の砂防・土木行政が強力に推進されたことも、この社会の大きな特色であった。畿内《きない》近国の土砂留に即していえば、幕府が担当大名に郡単位での管理を命じ、上級管轄役所に京都・大坂町奉行《まちぶぎょう》所《しょ》を配するという大がかりなもので、そこでは個々の領主の領主権の縮小化もみられた。しかし、この制度のもとで推進された山管理・砂防事業は、一方で、地元住民へ過重な負担を課し、また草肥の減少、獣害の発生など、生産活動や生活にとって重大な社会問題を生み出すことにもなった。

近世中期を画期として普及する干鰯《ほしか》・油糟《あぶらかす》などの金肥《きんぴ》も各種の問題をはらんでいた。土砂留工事による山利用制限や、新田開発にともない減少する草肥の補塡・代替を大きな契機に導入が進んだ金肥は、速効性などの点で草肥を上回る効果を発揮し、生産力の増大に寄与した。しかし、それは村共同体の世界に階層分化や地域間格差という新しい社会問題を持ち込み、中・下層農民などによる草山の過剰利用は、近世後期の山野荒廃の大きな要因ともなったのである。

近代・現代と同じく、近世社会にあってもまた、人びとは生業や生活のために自然改造を押し進め、同様に、その結果抱え込んださまざまな矛盾や難問に悩み続けていた。

そして、こうしたありようは、課題の中身こそ異なるものの、おそらくは人類の歴史すべてに通貫する人と自然との関係構造といえるであろう。

1957年。再収『古島敏雄著作集』3，1974年）
吉田伸之「野と村」『近世房総地域史研究』東京大学出版会，1993年

⑤―にかかわるもの

小林茂『日本屎尿問題源流考』明石書店，1983年
全国治水砂防協会編『日本砂防史』石崎書店，1981年
水本邦彦「土砂留制度と農民―淀川・大和川流域における―」『史林』64－5，1981年（再収『近世の村社会と国家』東京大学出版会，1987年）
水本邦彦「近世の奉行と領主―畿内・近国土砂留制度における―」『近世の郷村自治と行政』東京大学出版会，1993年
村田路人『近世広域支配の研究』大阪大学出版会，1995年

＊　利用した史料集・自治体史については，本文の当該箇所に示した。

●―写真所蔵・提供者一覧（敬称略・五十音順）

（株）東阪航空サービス　小野房雄撮影・世界文化フォト　　カバー表
河澄恵美子　　p. 81
京都大学文学部　　p. 91
京都府立総合資料館　　p. 7
国立国会図書館　　カバー裏，p. 95
桜井健太郎・石川県立歴史博物館　　p. 52
独立行政法人国立公文書館　　扉，p. 21，44・45，54，67，74
『日本庶民生活史料集成　第30巻』三一書房　　p. 41
細野彰　　p. 17
（有）伊豆どんぐり企画　　p. 13
立命館大学図書館　　p. 36～39

小椋純一『絵図から読み解く人と景観の歴史』雄山閣出版, 1992年
川村博忠『江戸幕府撰国絵図の研究』古今書院, 1984年
佐竹昭「広島藩沿海部における林野の利用とその『植生』」地方史研究協議会編『海と風土―瀬戸内海地域の生活と交流―』雄山閣出版, 2002年
田上一生『近世濃飛林業史』岐阜県山林協会, 1979年
土屋俊幸「山村」『日本村落史講座 3　景観Ⅱ』雄山閣出版, 1991年
中堀謙二「変貌する里山」『講座　文明と環境 9　森と文明』朝倉書店, 1996年
西川善介『林野所有の形成と村の構造』御茶の水書房, 1957年

③―にかかわるもの
後藤功編『写真でみる日本生活図引』弘文堂, 1989年
所三男『近世林業史の研究』吉川弘文館, 1980年
戸谷敏之「徳川時代に於ける農業経営の諸類型―日本肥料史の一齣―」『アチック・ミューゼアム・ノート』18, 1941年
戸谷敏之「大津干鰯問屋仲間―日本肥料史の一齣―」『アチック・ミューゼアム・ノート』19, 1941年
戸谷敏之「江戸干鰯問屋仲間―日本肥料史の一齣―」『日本常民文化　研究所ノート』23, 1942年
戸谷敏之「長防風土記に現れたる肥料の研究―日本肥料史の一齣―」『日本常民文化研究所ノート』23, 1942年
戸谷敏之『明治前期に於ける肥料技術の発達』日本常民文化研究所, 1943年
戸谷敏之『近世農業経営史論』日本評論社, 1949年

④―にかかわるもの
磯田道史「近世村落成立期の農業と藩農政―山野政策をめぐって―」岡山藩研究会編『藩世界の意識と関係』岩田書院, 2000年
菊地利夫『新田開発　改訂増補』古今書院, 1977年
滋賀県教育委員会編『朝鮮人街道』1994年
原田敏丸『近世入会制度解体過程の研究』塙書房, 1969年
平沢清人『近世入会慣行の成立と展開―信州下伊那地方を中心にして―』御茶の水書房, 1967年
古島敏雄『近世日本農業の構造』日本評論社, 1943年(『同』東京大学出版会,

●—参考文献

全体にかかわるもの

赤坂憲雄「森を喰らう文化・谷を占める文化」『岩波講座　開発と文化』3，岩波書店，1997年

神里公「工業社会と自然生態系」中岡哲郎編『自然と人間のための経済学』朝日新聞社，1977年

鬼頭宏『環境先進国・江戸』PHP研究所，2002年

栗原康『共生の生態学』岩波書店，1998年

瀬田勝哉『木の語る中世』朝日新聞社，2000年

只木良也『森林環境科学』朝倉書店，1996年

千葉徳爾『増補改訂　はげ山の研究』そしえて，1991年

古島敏雄『日本農業技術史』上・下，時潮社，1947・49年（再収『古島敏雄著作集』6，東京大学出版会，1975年）

水本邦彦「近世の自然と社会」歴史学研究会・日本史研究会編『日本史講座』6，東京大学出版会，2005年

見田宗介『現代社会の理論—情報化・消費社会の現在と未来—』岩波書店，1996年

宮家準「共同体の伝承とコスモロジー」『大系　仏教と日本人』9，春秋社，1986年

安田喜憲『森と文明の物語—環境考古学は語る—』筑摩書房，1995年

①—にかかわるもの

岩城英夫『草原の生態』共立出版，1971年

大迫元雄『本邦原野に関する研究』興林会，1937年

白川部達夫「元禄期の山野争論と村」徳川林政史研究所『研究紀要』24，1990年

沼田眞・岩瀬徹『図説　日本の植生』講談社，2002年

松田香代子「山焼きの残る大室山」（財）静岡県文化財団・静岡県環境民俗研究会共編『山と森のフォークロア』羽衣出版，1996年

②—にかかわるもの

磯田道史「十七世紀の農業発展をめぐって—草と牛の利用から—」『日本史研究』402，1996年

日本史リブレット52

草山《くさやま》の語《かた》る近世《きんせい》

2003年 7 月25日　1 版 1 刷　発行
2025年 8 月20日　1 版 5 刷　発行

著者：水本邦彦《みずもとくにひこ》

発行者：野澤武史

発行所：株式会社 山川出版社

〒101－0047　東京都千代田区内神田 1 －13－13
電話 03(3293)8131(営業)
03(3293)8134(編集)
https://www.yamakawa.co.jp/

印刷所：信毎書籍印刷株式会社

製本所：株式会社 ブロケード

装幀：菊地信義

ISBN 978-4-634-54520-5
・造本には十分注意しておりますが，万一，乱丁・落丁本などがございましたら，小社営業部宛にお送り下さい。
送料小社負担にてお取替えいたします。
・定価はカバーに表示してあります。

日本史リブレット　第Ⅰ期［68巻］・第Ⅱ期［33巻］　全101巻

1 旧石器時代の社会と文化
2 縄文の豊かさと限界
3 弥生の村
4 古墳とその時代
5 大王と地方豪族
6 藤原京の形成
7 古代都市平城京の世界
8 古代の地方官衙と社会
9 漢字文化の成り立ちと展開
10 平安京の暮らしと行政
11 蝦夷の地と古代国家
12 受領と地方社会
13 出雲国風土記と古代遺跡
14 東アジア世界と古代の日本
15 地下から出土した文字
16 古代・中世の女性と仏教
17 古代寺院の成立と展開
18 都市平泉の遺産
19 中世に国家はあったか
20 中世の家と性
21 武家の古都、鎌倉
22 中世の天皇観
23 環境歴史学とはなにか
24 武士と荘園支配
25 中世のみちと都市
26 戦国時代、村と町のかたち
27 破産者たちの中世
28 境界をまたぐ人びと
29 石造物が語る中世職能集団
30 中世の日記の世界
31 板碑と石塔の祈り
32 中世の神と仏
33 中世社会と現代
34 秀吉の朝鮮侵略
35 町屋と町並み
36 江戸幕府と朝廷
37 キリシタン禁制と民衆の宗教
38 慶安の触書は出されたか
39 近世村人のライフサイクル
40 都市大坂と非人
41 対馬からみた日朝関係
42 琉球の王権とグスク
43 琉球と日本・中国
44 描かれた近世都市
45 武家奉公人と労働社会
46 天文方と陰陽道
47 海の道、川の道
48 近世の三大改革
49 八州廻りと博徒
50 アイヌ民族の軌跡
51 錦絵を読む
52 草山の語る近世
53 21世紀の「江戸」
54 近代歌謡の軌跡
55 日本近代漫画の誕生
56 海を渡った日本人
57 近代日本とアイヌ社会
58 スポーツと政治
59 近代化の旗手、鉄道
60 情報化と国家・企業
61 民衆宗教と国家神道
62 日本社会保険の成立
63 歴史としての環境問題
64 近代日本の海外学術調査
65 戦争と知識人
66 現代日本と沖縄
67 新安保体制下の日米関係
68 戦後補償から考える日本とアジア
69 遺跡からみた古代の駅家
70 古代の日本と加耶
71 飛鳥の宮と寺
72 古代東国の石碑
73 律令制とはなにか
74 正倉院宝物の世界
75 日宋貿易と「硫黄の道」
76 荘園絵図が語る古代・中世
77 対馬と海峡の中世史
78 中世の書物と学問
79 史料としての猫絵
80 寺社と芸能の中世
81 一揆の世界と法
82 戦国時代の天皇
83 日本史のなかの戦国時代
84 兵と農の分離
85 江戸時代のお触れ
86 江戸時代の神社
87 大名屋敷と江戸遺跡
88 近世商人と市場
89 近世鉱山をささえた人びと
90 「資源繁殖の時代」と日本の漁業
91 江戸の浄瑠璃文化
92 江戸時代の老いと看取り
93 近世の淀川治水
94 日本民俗学の開拓者たち
95 軍用地と都市・民衆
96 感染症の近代史
97 陵墓と文化財の近代
98 徳富蘇峰と大日本言論報国会
99 労働力動員と強制連行
100 科学技術政策
101 占領・復興期の日米関係